对接世界技能大赛技术标准创新系列教材

技工院校一体化课程教学改革模具制造专业教材

模具零件普通机床加工

人力资源社会保障部教材办公室　组织编写

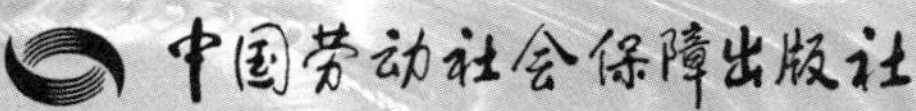

内容简介

本套教材为对接世赛标准深化一体化专业课程改革模具制造专业教材，对接世赛塑料模具工程、原型制作项目，学习目标融入世赛要求，学习内容对接世赛技能标准，考核评价方法参照世赛评分方案。

本书主要内容包括拉杆的加工、导滑块的加工、限位块的加工、型腔拼块的加工、底座的加工、滑块的加工和侧向分型抽芯机构的装配。

图书在版编目（CIP）数据

模具零件普通机床加工 / 人力资源社会保障部教材办公室组织编写 . -- 北京：中国劳动社会保障出版社，2021

对接世界技能大赛技术标准创新系列教材　技工院校一体化课程教学改革模具制造专业教材

ISBN 978-7-5167-3673-9

Ⅰ.①模…　Ⅱ.①人…　Ⅲ.①模具－数控机床－加工－技工学校－教材　Ⅳ.①TG76

中国版本图书馆 CIP 数据核字（2021）第 144735 号

中国劳动社会保障出版社出版发行

（北京市惠新东街 1 号　邮政编码：100029）

*

北京市白帆印务有限公司印刷装订　　新华书店经销

880 毫米 ×1230 毫米　16 开本　11.5 印张　268 千字

2021 年 8 月第 1 版　　2025 年 5 月第 3 次印刷

定价：32.00 元

营销中心电话：400-606-6496

出版社网址：http://www.class.com.cn

http://jg.class.com.cn

对接世界技能大赛技术标准创新系列教材

编审委员会

主　任：刘　康

副主任：张　斌　王晓君　刘新昌　冯　政

委　员：王　飞　翟　涛　杨　奕　张　伟　赵庆鹏　姜华平
　　　　杜庚星　王鸿飞

模具制造专业课程改革工作小组

课 改 校：广东省机械技师学院　江苏省常州技师学院　广西机电技师学院
　　　　　成都市技师学院　江苏省盐城技师学院　承德技师学院
　　　　　徐州工程机械技师学院

技术指导：李克天

编　　辑：马文睿　吕滨滨

本书编审人员

主　　编：王美珍

副 主 编：马冰清　刘　毅

参　　编：袁长勇　吴崇睿　张中友　房　妤　姚　敏　徐　健　周皇卫

主　　审：袁桂萍

序

世界技能大赛由世界技能组织每两年举办一届，是迄今全球地位最高、规模最大、影响力最广的职业技能竞赛，被誉为“世界技能奥林匹克”。我国于 2010 年加入世界技能组织，先后参加了五届世界技能大赛，累计取得 36 金、29 银、20 铜和 58 个优胜奖的优异成绩。第 46 届世界技能大赛将在我国上海举办。2019 年 9 月，习近平总书记对我国选手在第 45 届世界技能大赛上取得佳绩作出重要指示，并强调，劳动者素质对一个国家、一个民族发展至关重要。技术工人队伍是支撑中国制造、中国创造的重要基础，对推动经济高质量发展具有重要作用。要健全技能人才培养、使用、评价、激励制度，大力发展技工教育，大规模开展职业技能培训，加快培养大批高素质劳动者和技术技能人才。要在全社会弘扬精益求精的工匠精神，激励广大青年走技能成才、技能报国之路。

为充分借鉴世界技能大赛先进理念、技术标准和评价体系，突出“高、精、尖、缺”导向，促进技工教育与世界先进标准接轨，完善我国技能人才培养模式，全面提升技能人才培养质量，人力资源社会保障部于 2019 年 4 月启动了世界技能大赛成果转化工作。根据成果转化工作方案，成立了由世界技能大赛中国集训基地、一体化课改学校，以及竞赛项目中国技术指导专家、企业专家、出版集团资深编辑组成的对接世界技能大赛技术标准深化专业课程改革工作小组，按照创新开发新专业、升级改造传统专业、深化一体化专业课程改革三种对接转化原则，以专业培养目标对接职业描述、专业课程对接世界技能标准、课程考核与评价对接评分方案等多种操作模式和路径，同时融入健康与安全、绿色与环保及可持续发展理念，开发与世界技能大赛项目对接的专业人才培养方案、教材及配套教学资源。首批对接 19 个世界技能大赛项目共 12 个专业的成果将于 2020—2021 年陆续出版，主要用于技工院校日常专业教学工作中，充分发挥世界技能大赛成果转化对技工院校技能人才的引领示范作用。在总结经验及调研的基础上选择新的对接项目，陆续启动第二批等世界技能大赛成果转化工作。

希望全国技工院校将对接世界技能大赛技术标准创新系列教材，作为深化专业课程建设、创新人才培养模式、提高人才培养质量的重要抓手，进一步推动教学改革，坚持高端引领，促进内涵发展，提升办学质量，为加快培养高水平的技能人才作出新的更大贡献！

2020年11月

目　　录

学习任务一　拉杆的加工……（1）
学习活动 1　接受工作任务，明确工作要求……（3）
学习活动 2　阅读加工工艺卡，明确加工步骤和方法……（9）
学习活动 3　拉杆的加工及检验……（20）
学习活动 4　工作总结与评价……（28）
学习任务二　导滑块的加工……（33）
学习活动 1　接受工作任务，明确工作要求……（35）
学习活动 2　阅读加工工艺卡，明确加工步骤和方法……（40）
学习活动 3　导滑块的加工及检验……（48）
学习活动 4　工作总结与评价……（56）
学习任务三　限位块的加工……（61）
学习活动 1　接受工作任务，明确工作要求……（63）
学习活动 2　阅读加工工艺卡，明确加工步骤和方法……（67）
学习活动 3　限位块的加工及检验……（73）
学习活动 4　工作总结与评价……（79）
学习任务四　型腔拼块的加工……（84）
学习活动 1　接受工作任务，明确工作要求……（86）
学习活动 2　阅读加工工艺卡，明确加工步骤和方法……（89）
学习活动 3　型腔拼块的加工及检验……（95）
学习活动 4　工作总结与评价……（101）
学习任务五　底座的加工……（106）
学习活动 1　接受工作任务，明确工作要求……（108）
学习活动 2　阅读加工工艺卡，明确加工步骤和方法……（114）
学习活动 3　底座的加工及检验……（119）
学习活动 4　工作总结与评价……（123）
学习任务六　滑块的加工……（128）
学习活动 1　接受工作任务，明确工作要求……（130）

学习活动 2　阅读加工工艺卡，明确加工步骤和方法 …………………………（136）
学习活动 3　滑块的加工及检验 ……………………………………………（146）
学习活动 4　工作总结与评价 ………………………………………………（153）
学习任务七　侧向分型抽芯机构的装配 ……………………………………（158）
学习活动 1　接受工作任务，明确工作要求 ………………………………（160）
学习活动 2　阅读装配工艺卡，明确装配步骤和方法 ………………………（164）
学习活动 3　侧向分型抽芯机构的装配及检验 ……………………………（168）
学习活动 4　工作总结与评价 ………………………………………………（171）

学习任务一　拉杆的加工

学习目标

1. 能按“7S”管理规定和安全文明生产的要求进行加工，遵守车工场地操作规程，正确穿戴工作服和工作帽。

2. 能借助技术手册，查阅任务中毛坯材料及刀具材料的牌号、几何公差和切削用量等知识，理解技术手册在生产中的重要性。

3. 能根据任务内容，按照国家标准正确绘制轴类零件图，明确图样技术要求。

4. 能正确叙述轴类零件图技术要求以及零件的形状、尺寸、表面粗糙度和几何公差等信息，并能指出各信息的含义。

5. 能根据加工任务书确定小组成员，通过讨论明确工作任务和要求，共同制订合理的工作计划，确定车削加工的可行性，并简述车削加工的定义和应用范围。

6. 能正确叙述车床各部分组成的名称和功能。

7. 能正确叙述车削操作规程，掌握车床各手柄的使用方法，能正确开关机，熟练地对主轴变速，精准地调整进给量，正确使用自动进给功能和三爪自定心卡盘。

8. 能合理选择切削刀具，正确叙述切削刀具的技术要求。

9. 能叙述车刀种类、材料、结构（典型）和应用范围。

10. 能刃磨加工拉杆零件时所使用的各种车刀。

11. 能正确选择辅具，根据加工要求选择合理的毛坯。

12. 能正确装夹工件和刀具，并选择合理的切削用量。

13. 能按照切削步骤规范地进行零件的加工，并正确使用切削液。

14. 能规范、熟练地使用游标卡尺、千分尺、螺纹环规、表面粗糙度比较样块等量具对拉杆进行检测，判断加工质量，分析产生误差的原因，优化加工方案和策略。

15. 能在作业过程中严格执行企业操作规范、安全生产制度、环保管理制度和“7S”管理规定，严格遵守从业人员的职业道德，树立吃苦耐劳、爱岗敬业的工作态度以及精益求精的质量管控意识和职业责任感。

16. 能按车间现场“7S”管理规定和产品工艺流程的要求，整理现场，正确放置工具、产品，对机床、工具进行维护与保养，并规范填写保养记录表。

17. 能与班组长、工具管理员等相关人员进行有效的沟通与合作，了解有效沟通和团队合作的重要性。

18. 能积极主动展示工作成果，对学习和工作过程中出现的问题进行反思和总结，优化加工方案和策略，具备知识迁移能力。

建议学时

60 学时。

学习任务描述

某校接到一项生产任务，要求以较低的生产成本协助制作某套注塑模具的侧向分型抽芯机构，工期为10 天，经检验合格后交付客户使用。车间立即将任务分配给各生产小组，本组负责生产侧向分型抽芯机构的拉杆。

学习工作流程

学习活动 1　接受工作任务，明确工作要求（18 学时）

学习活动 2　阅读加工工艺卡，明确加工步骤和方法（16 学时）

学习活动 3　拉杆的加工及检验（24 学时）

学习活动 4　工作总结与评价（2 学时）

学习活动 1　接受工作任务，明确工作要求

学习目标

1. 能按“7S”管理规定和安全文明生产的要求进行加工，遵守车工场地操作规程，正确穿戴工作服和工作帽。

2. 能借助技术手册，查阅任务中毛坯材料及刀具材料的牌号、几何公差和切削用量等知识，理解技术手册在生产中的重要性。

3. 能根据任务，按照国家标准正确绘制轴类零件图，明确图样技术要求。

4. 能正确叙述轴类零件图技术要求以及零件的形状、尺寸、表面粗糙度和几何公差等信息，并能指出各信息的含义。

5. 能根据加工任务书确定小组成员，通过讨论明确工作任务和要求，共同制订合理的工作计划，确定车削加工的可行性，并简述车削加工的定义和应用范围。

6. 能正确叙述车床各部分组成的名称和功能。

7. 能正确叙述车削操作规程，掌握车床各手柄的使用方法，能正确开关机，熟练地对主轴变速，精准地调整进给量，正确使用自动进给功能和三爪自定心卡盘。

建议学时：18 学时。

学习过程

一、阅读生产任务单，明确工作任务

按照规定从生产主管处领取生产任务单（表 1–1），完成生产任务单的填写并签字确认。

表 1-1　　　　拉杆生产任务单

单　　号：____________________　　开单时间：____年_____月_____日
开单部门：____________________　　开 单 人：____________________
接 单 人：______部______组_____　　签　　名：____________________

<table>
<tr><td colspan="5">以下由开单人填写</td></tr>
<tr><td>产品名称</td><td>材料</td><td colspan="2">数量</td><td>技术标准、质量要求</td></tr>
<tr><td>拉杆</td><td>45 钢</td><td colspan="2">6</td><td>按图样要求</td></tr>
<tr><td>任务细则</td><td colspan="4">1. 到仓库领取相应的材料
2. 根据现场情况选用合适的工具、量具和设备
3. 根据加工工艺进行加工，交付检验
4. 填写生产任务单，清理工作场地，对工具、量具和设备进行维护与保养</td></tr>
<tr><td>任务类型</td><td>车削加工</td><td colspan="2">完成工时</td><td>60 h</td></tr>
<tr><td>领取材料</td><td></td><td colspan="3" rowspan="2">仓库管理员（签名）

年　月　日</td></tr>
<tr><td>领取工具、量具</td><td></td></tr>
<tr><td>完成质量
（小组评价）</td><td></td><td colspan="3">班组长（签名）

年　月　日</td></tr>
<tr><td>用户意见
（教师评价）</td><td></td><td colspan="3">用户（签名）

年　月　日</td></tr>
<tr><td>改进措施
（反馈改良）</td><td colspan="4"></td></tr>
</table>

注：生产任务单与零件图、加工工艺卡一起领取。

1．根据表 1–1 拉杆生产任务单，填写零件名称、材料、数量和完成时间。

零件名称：____________________；材　　料：____________________；

数　　量：____________________；完成时间：____________________。

2．查阅资料，明确侧向分型抽芯机构中拉杆的作用。

3．对小组成员进行分工，完成表 1–2 的填写。

表 1–2　　小组成员分工

成员姓名	成员特点	成员职责	备注

二、零件图样分析

图 1–1 所示为拉杆零件图。

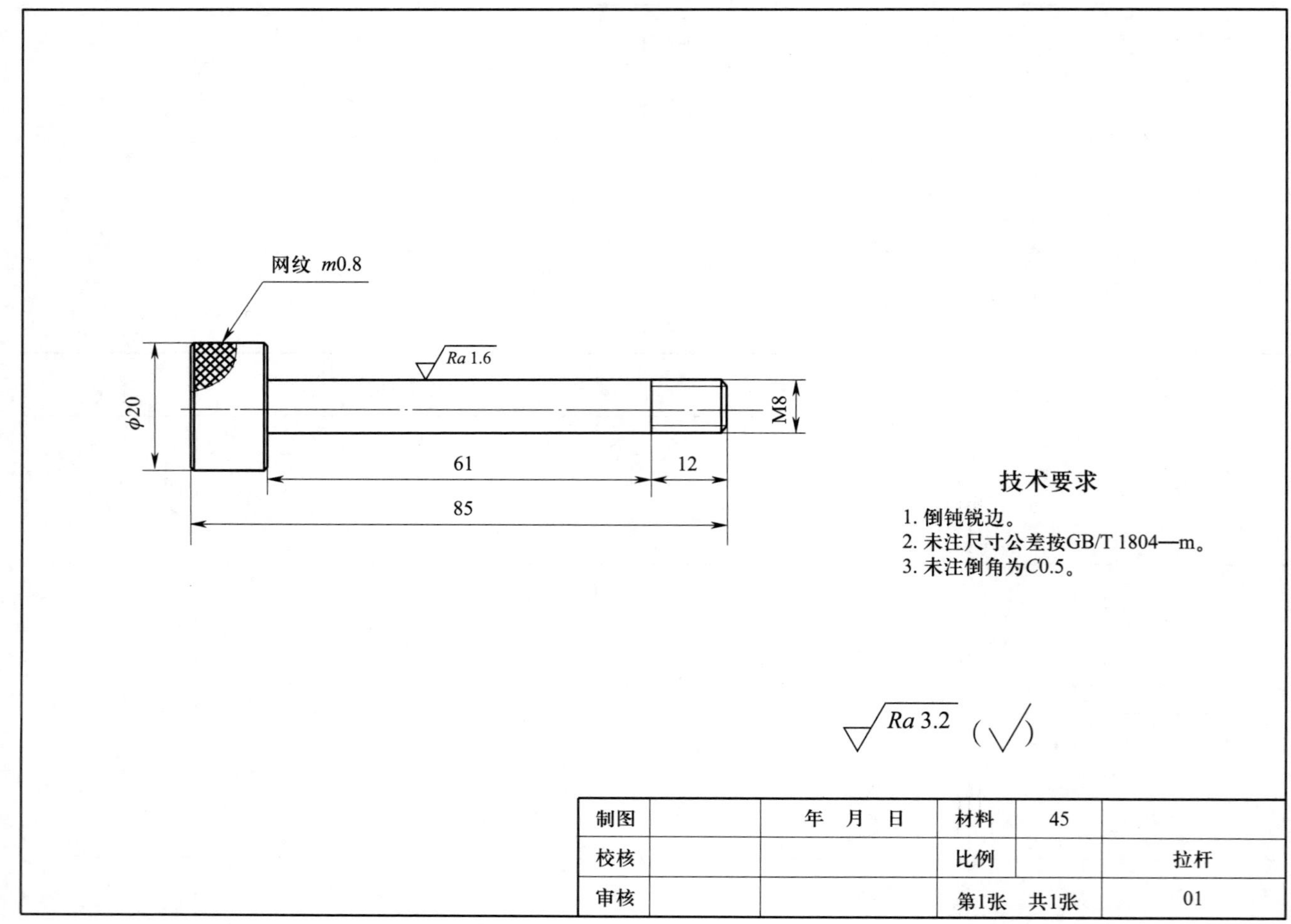

图 1–1　拉杆零件图

1．图 1–1 中采用了粗实线、细实线和细点画线等线型，各线型分别表示什么信息?

粗实线表示：

细实线表示：

细点画线表示：

2．图 1-1 中为什么只使用了一个视图？这个视图表达了零件的哪几个加工特征？

3．图 1-1 中标注的尺寸 M8 的含义是什么？

4．图 1-1 中拉杆左端 ϕ20 mm 外圆柱面呈__________特征，在实际应用中主要起到________________________的作用。

5．查阅资料，在表 1-3 中填写拉杆加工尺寸的几何公差等级或偏差范围。

表 1-3　拉杆加工尺寸的几何公差等级或偏差范围

加工尺寸		几何公差等级或偏差范围
主要尺寸	ϕ20 mm	ϕ19.9 ~ 20.1 mm
	网纹 m=0.8 mm	ϕ20 mm 圆柱面滚花无明显乱纹
	M8	
次要尺寸	12 mm	
	61 mm	
	85 mm	

三、绘制零件图

按照国家标准，在下方图框内正确绘制拉杆零件图（可附图纸粘贴于此）。

学习活动 2　阅读加工工艺卡，明确加工步骤和方法

学习目标

1. 能正确识读加工工艺卡，明确加工步骤和方法。
2. 能合理选择切削刀具，正确叙述切削刀具的技术要求。
3. 能叙述车刀种类、材料、结构（典型）和应用范围。
4. 能刃磨加工拉杆零件时所使用的各种车刀。
5. 能正确选择辅具，根据加工要求选择合理的毛坯。

建议学时：16学时。

学习过程

一、阅读加工工艺卡

阅读拉杆加工工艺卡（表 1–4），明确拉杆加工步骤和方法。

表 1–4　拉杆加工工艺卡

<table>
<tr><td colspan="3" rowspan="2">（单位名称）</td><td rowspan="2">加工工艺卡</td><td>产品名称</td><td colspan="2">拉杆</td><td colspan="2">图号</td><td colspan="2"></td></tr>
<tr><td>零件名称</td><td colspan="2"></td><td colspan="2">数量</td><td>6</td><td>第　页</td></tr>
<tr><td colspan="2">材料种类</td><td>45 钢</td><td>材料成分</td><td></td><td colspan="2">毛坯尺寸</td><td colspan="3">ϕ 22 mm × 100 mm</td><td>共　页</td></tr>
<tr><td rowspan="2">工序</td><td rowspan="2">工步</td><td rowspan="2">工序名称</td><td rowspan="2">工序内容</td><td rowspan="2">车间</td><td rowspan="2" colspan="2">设备</td><td colspan="2">工具</td><td rowspan="2">计划工时</td><td rowspan="2">实际工时</td></tr>
<tr><td>量具、刃具</td><td>辅具</td></tr>
<tr><td>1</td><td></td><td>端面的车削加工</td><td>夹持毛坯，使用外圆车刀车零件端面，端面需平整，不允许凹凸不平</td><td>车床车间</td><td colspan="2">CD6140A</td><td>90° 外圆车刀、垫刀片若干</td><td>卡盘扳手、刀架扳手、加力杆、毛刷</td><td></td><td></td></tr>
</table>

续表

工序	工步	工序名称	工序内容	车间	设备	工具		计划工时	实际工时
						量具、刃具	辅具		
2		车 ϕ20 mm 和 ϕ8 mm 外圆柱面	先粗车 ϕ20 mm×85 mm 和 ϕ8 mm×73 mm 外圆，分别预留 0.5 mm 余量；再将零件精车至合格尺寸	车床车间	CD6140A	90° 外圆车刀、游标卡尺	切削液		
3		滚花加工	利用滚花车刀在 ϕ20 mm 外圆柱面上进行滚花加工	车床车间	CD6140A	游标卡尺、滚花车刀	切削液		
4		M8 套螺纹	利用 M8 的圆板牙在 ϕ8 mm 外圆柱面套螺纹，螺纹加工长度为 12 mm	车床车间	CD6140A	M8 圆板牙及板牙架、游标卡尺、螺纹环规	切削液		
5		倒角及切断	利用切断刀将零件切断，零件长度为 85 mm，并利用切断刀倒角 C0.5 mm	车床车间	CD6140A	切断刀、游标卡尺	切削液		
更改号				拟定		校正	审核	批准	
更改者									
日　期									

1. 加工步骤的分析与确定

对照加工工艺卡，明确加工步骤，在表 1-5 中绘制加工工艺卡中各工序对应的工序简图。

表 1-5　各工序对应的工序简图

序号	工序名称	工序简图
1	端面的车削加工	
2	车 ϕ20 mm 和 ϕ8 mm 外圆柱面	
3	滚花加工 ϕ20 mm（网纹 m=0.8 mm）	

续表

序号	工序名称	工序简图
4	M8 套螺纹	
5	倒角及切断	

2．安全文明生产

坚持安全文明生产是保障生产工人和设备安全，防止工伤和设备事故的根本保证，同时也是企业科学管理的一项十分重要的手段。安全文明生产的一些具体要求是长期生产活动中实践经验的总结，要求操作者必须严格执行。

（1）查阅资料，理解“7S”管理规定的意义并完成连线。

整理“1S”　　清除安全隐患，排除险情，预防事故的发生。

整顿“2S”　　定位、定品、定量，防止必要品过剩或不足，方便存取。

清扫“3S”　　区分必要品和非必要品，处理非必要品，如分类、归类等。

清洁“4S”　　对机床进行点检操作，查找并改善不合理处。

素养“5S”　　以身作则，遵守规则。

安全“6S”　　整理、整顿、清扫的循环，制定标准并遵守。

节约“7S”　　树立节约成本意识，主动落实到人和物。

（2）结合表 1–6 中安全防护图例，判断图中各位同学的穿戴是否符合车工场地安全文明生产要求，并简述安全要点。

表 1–6　　车工场地安全文明生产要求

安全防护图例	安全要点
	进入实训车间前，需要穿戴劳动防护用品，简述相关的注意事项 头部： 工装： 脚部：

续表

安全防护图例	安全要点
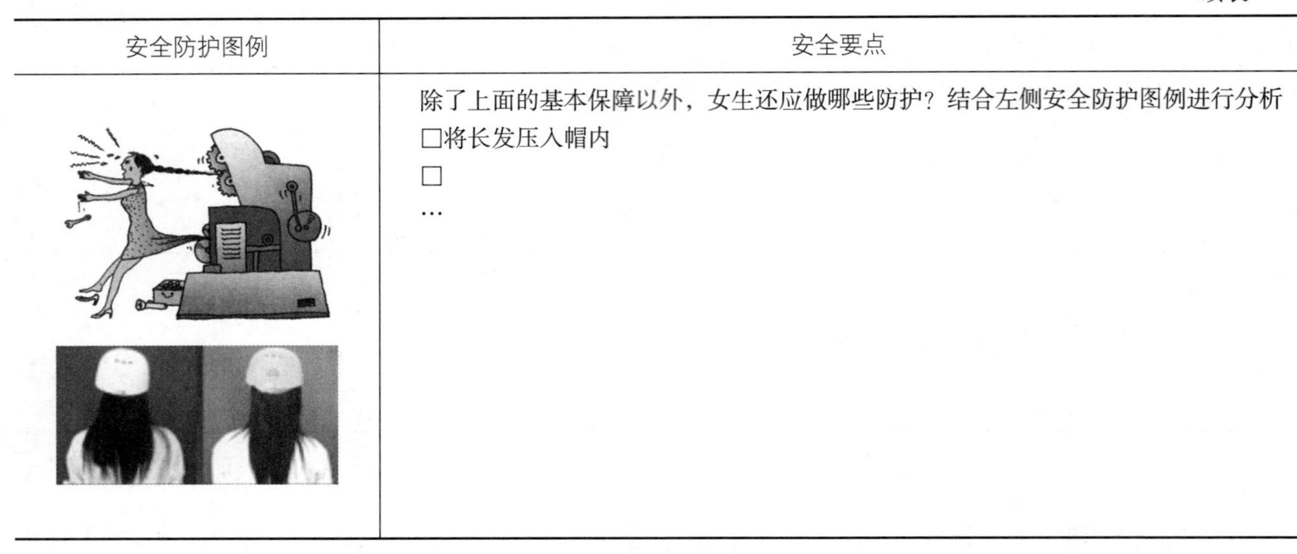	除了上面的基本保障以外，女生还应做哪些防护？结合左侧安全防护图例进行分析 □将长发压入帽内 □ …

二、车床相关知识

1．分析图 1–1，简述选择车床来加工拉杆的原因。

2．简述车床型号中各数字和字母的含义。

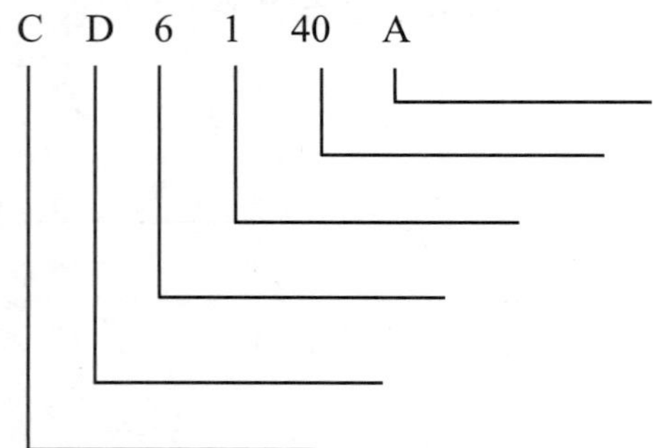

3．简述图 1–2 所示 CD6140A 型车床结构中各部分的名称和功能。

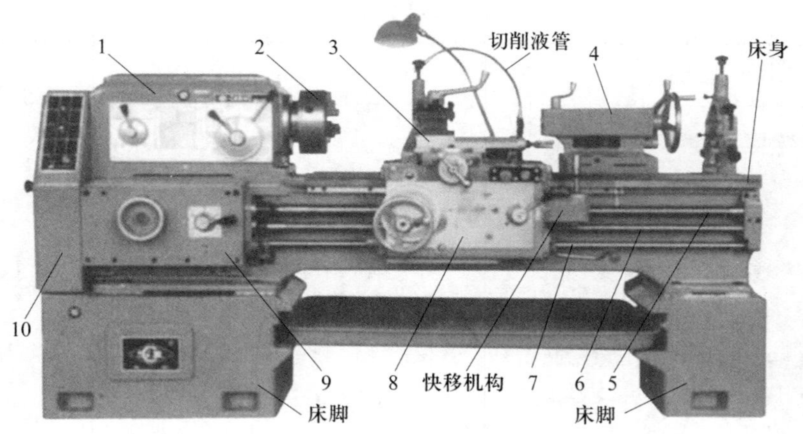

图 1–2　CD6140A 型车床结构

4．了解车床的传动原理后，简述图 1–3 所示车削运动示意图中车削加工必须具备哪些运动。

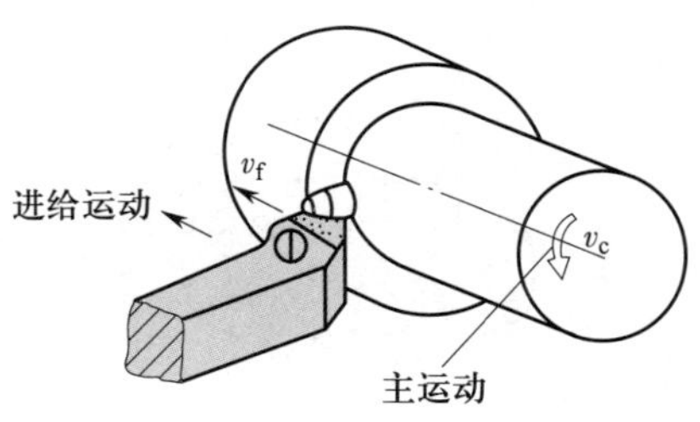

图 1–3　车削运动示意图

5．分析表 1–7 中车床主轴变速操作案例，并填写规范的操作流程。

表 1–7　车床主轴变速操作

主轴变速操作案例图	案例	规范的操作流程
	如果主轴转速调整为 220 r/min，手柄位置调整得正确吗？为什么？	
	如果进给量调整为 0.12 mm/r，手柄位置调整得正确吗？为什么？	

6．根据表 1–8 中 3 种手柄刻度盘的位置，判断在要求手柄转至“30”时，操作是否正确，并简述原因。

表 1–8　车床各手柄刻度盘操作

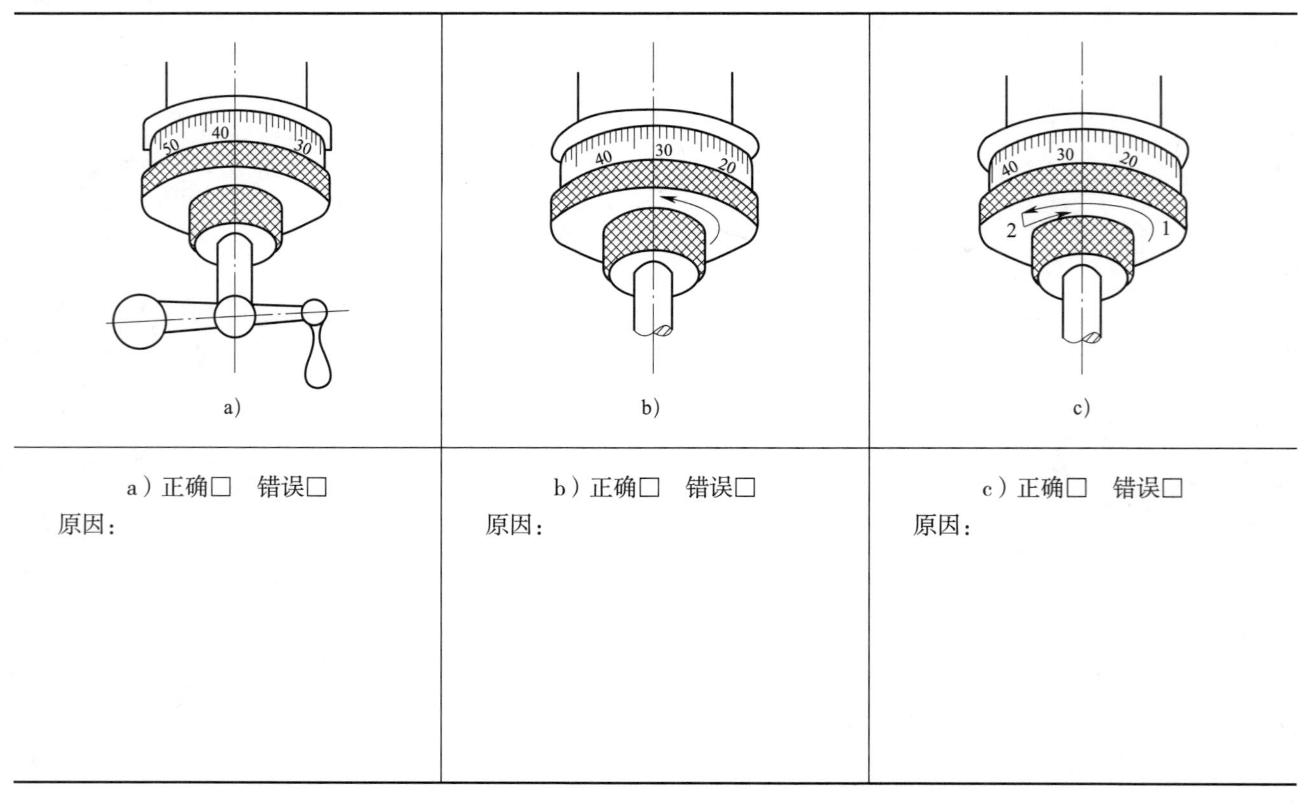

a)	b)	c)
a）正确□　错误□ 原因：	b）正确□　错误□ 原因：	c）正确□　错误□ 原因：

三、工具的准备

1．填写表 1–9 车床辅具的名称及作用。

表 1–9　　车床辅具的名称及作用

车床辅具	名称	作用

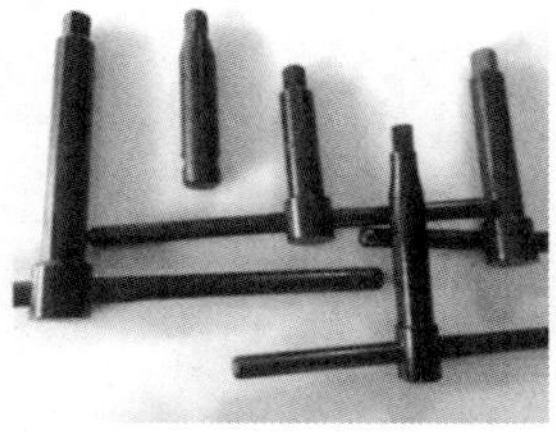		
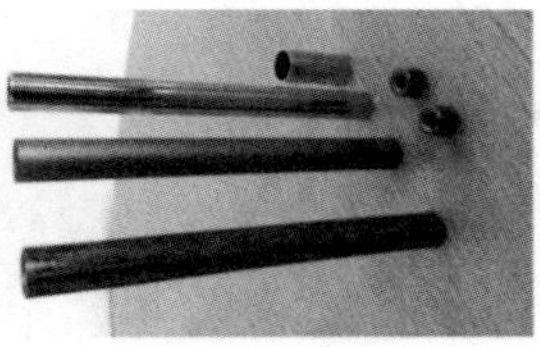	加力杆	
	垫刀片	
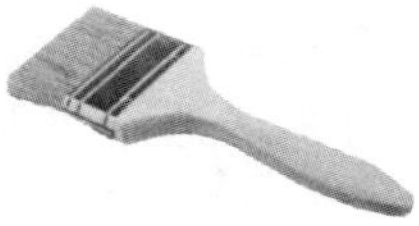		

2．根据车床的加工范围，正确选择与加工特征对应的刀具，并完成表 1–10 的填写。

表 1–10　　车床加工范围和加工特征及其对应刀具

车床加工范围	加工特征	对应刀具
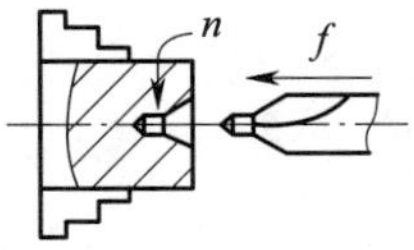 n　f	钻中心孔	中心钻
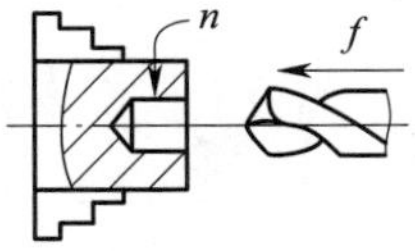 n　f	钻孔	麻花钻

续表

车床加工范围	加工特征	对应刀具
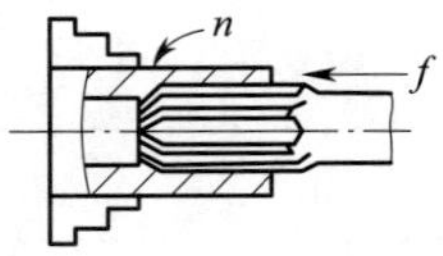	铰孔	
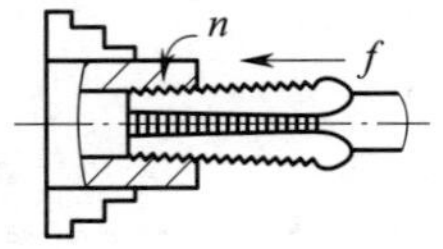	攻螺纹	
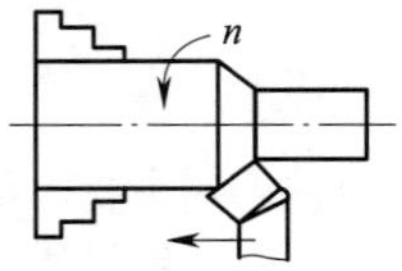	车外圆	
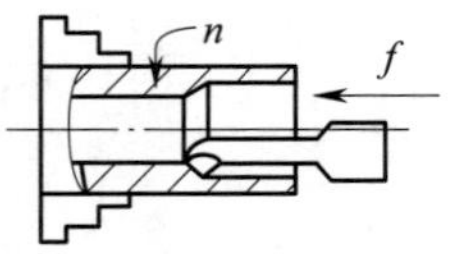	车孔	
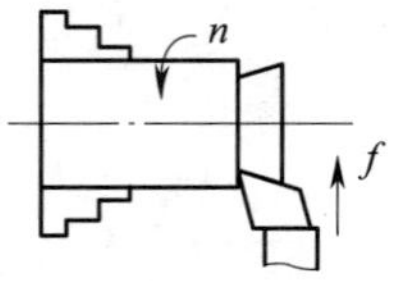	车端面	
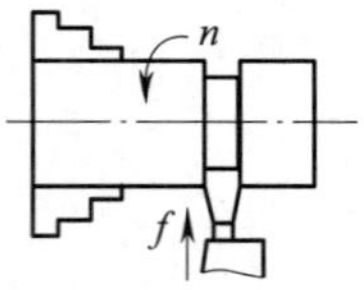	车槽（切断）	
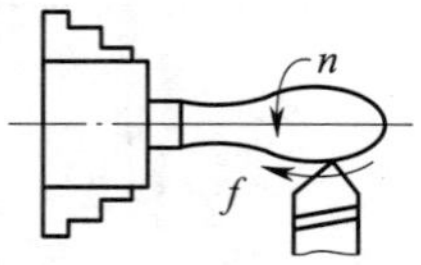	车成形面	
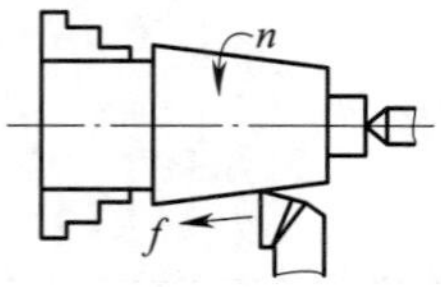	车锥面	
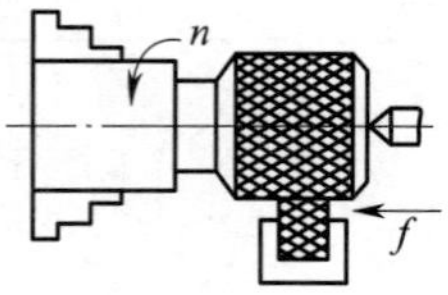	滚花	
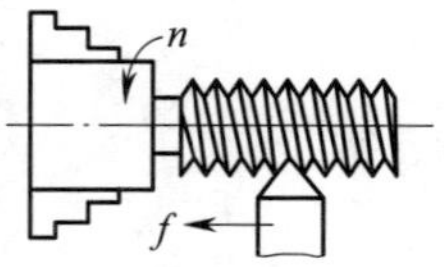	车螺纹	

完成拉杆零件的加工应采用哪几种类型的车刀?

____________________刀、__________________刀、 __________________和____________________刀。

3．填写表 1–11 中砂轮的名称，根据拉杆零件的加工特点，应选择哪种砂轮刃磨刀具?

表 1–11　　砂轮名称及用途

砂轮		
名称		
用途	主要用于刃磨高速钢车刀	主要用于刃磨硬质合金车刀

4．完成表 1–12 中外圆车刀结构名称及车刀几何角度的填写。

表 1–12　　外圆车刀结构名称及车刀几何角度

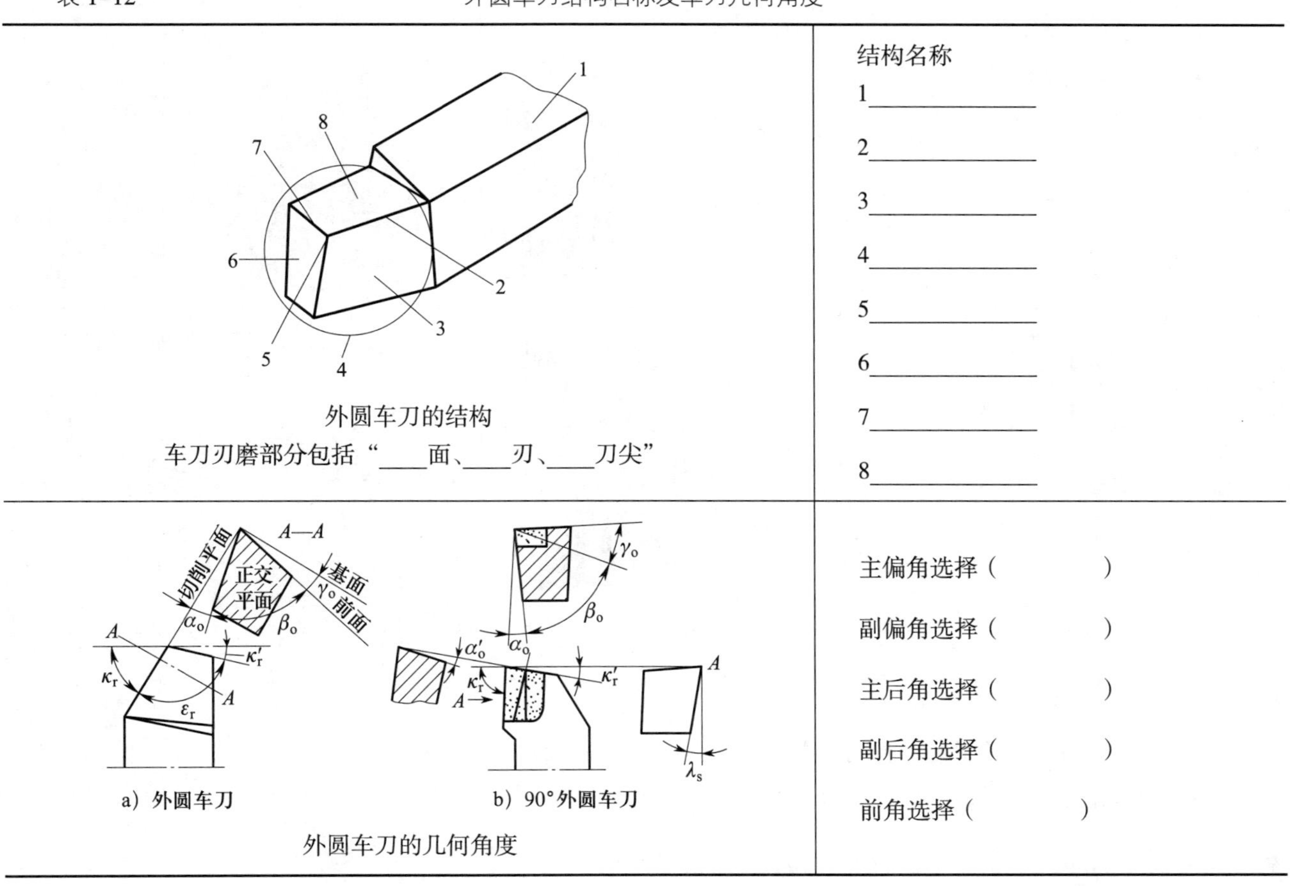

外圆车刀的结构 车刀刃磨部分包括“____面、____刃、____刀尖”	结构名称 1____________ 2____________ 3____________ 4____________ 5____________ 6____________ 7____________ 8____________
a）外圆车刀　b）90°外圆车刀 外圆车刀的几何角度	主偏角选择（　　　　） 副偏角选择（　　　　） 主后角选择（　　　　） 副后角选择（　　　　） 前角选择（　　　　）

5．完成表 1–13 90º 车刀刃磨步骤及内容的填写。

表 1–13　　90º 车刀刃磨步骤及内容

步骤	刃磨内容	图示	
刃磨前面	刃磨要求：去除焊渣，控制前角为 0° 刃磨方法：左手捏刀头，右手握刀柄，刀柄保持平直，磨出前面		
刃磨主后面	刃磨要求： 刃磨方法：	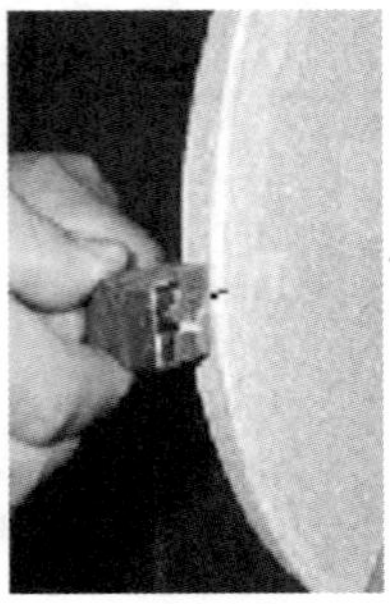	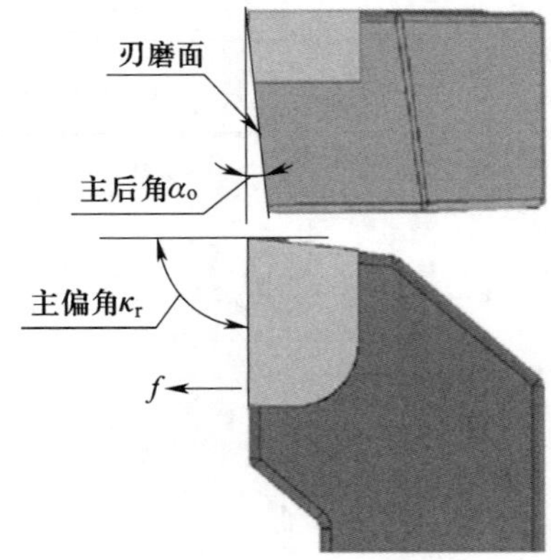 刃磨面 主后角α_o 主偏角κ_r f
刃磨副后面	刃磨要求： 刃磨方法：	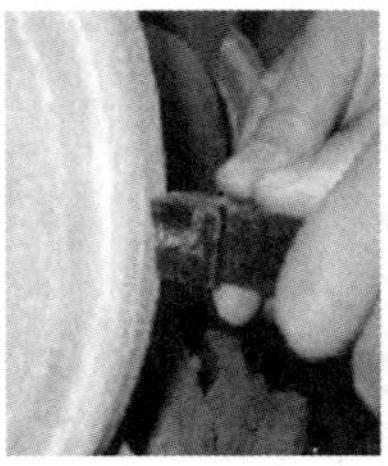	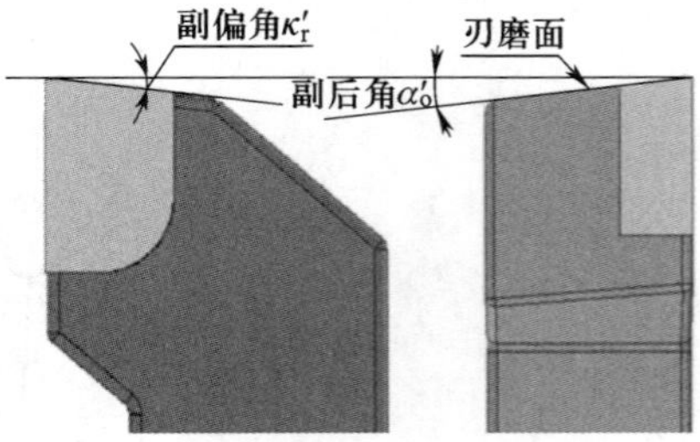 副偏角κ_r' 刃磨面 副后角α_o'
刃磨断屑槽	刃磨要求： 刃磨方法：	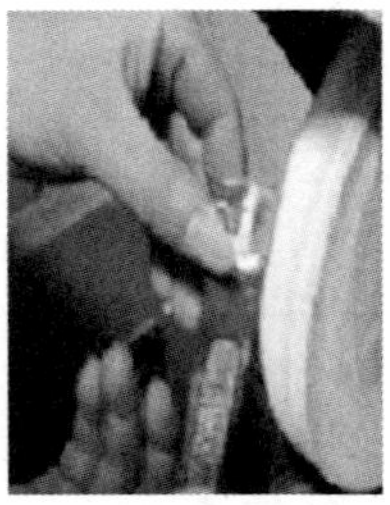	刀具刃磨时，下列断屑槽中合理的是？ 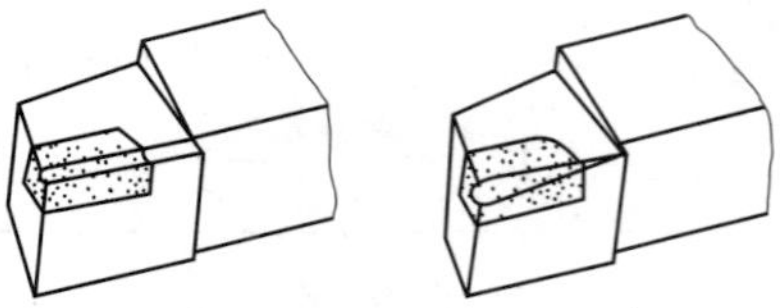 a)　b) 断屑槽

四、思考问题

1．准备以上刀具、辅具后，是否可以直接进行拉杆零件的加工？

□是　　□否

2．若不能直接进行加工，还应该在加工拉杆前准备什么？

（1）是否需要准备拉杆零件毛坯（考虑外径和总长）？

☐是　　　☐否

（2）为保证零件加工的合理性（尺寸公差和几何公差），是否需要量具?

☐是　　　☐否

（3）若需要量具，完成表 1–14 的填写。

表 1–14　　　　检测拉杆零件所用到的量具

序号	加工特征	量具
1	ϕ20 mm	游标卡尺（0.02 mm）
2	网纹 m=0.8 mm 的滚花	
3	M8	
4	12 mm	
5	61 mm	
6	C0.5 mm	
7	Ra3.2 μm	

3．学习成果检验

（1）简述车床操作要点。

（2）完成表 1–15 刀具、量具、辅具清单的填写。

表 1–15　　　　刀具、量具、辅具清单

序号	刀具、量具、辅具名称	规格	数量
1			
2			
3			
4			
5			
6			
7			
8			

学习活动3　拉杆的加工及检验

学习目标

1. 能正确装夹工件和刀具，合理选择切削用量。

2. 能按照切削步骤规范地进行零件的加工，并正确使用切削液。

3. 能正确应用刻度盘控制加工尺寸。

4. 能在作业过程中严格执行企业操作规范、安全生产制度、环保管理制度和“7S”管理规定，严格遵守从业人员的职业道德，树立吃苦耐劳、爱岗敬业的工作态度以及精益求精的质量管控意识和职业责任感。

5. 能规范、熟练地使用游标卡尺、千分尺、螺纹环规、表面粗糙度比较样块等量具对拉杆进行检测，判断加工质量，分析产生误差的原因，优化加工方案和策略。

6. 能按车间现场“7S”管理规定和产品工艺流程的要求，整理现场，正确放置工具、产品，对机床、工具进行维护与保养，并规范填写保养记录表。

建议学时：24学时。

学习过程

一、拉杆的加工

1．领料

按照填写好的生产任务单（或领料单），分小组从指导教师处领取毛坯和相应的辅具，并检查是否能用和够用。

2．加工前准备

（1）查阅车削加工资料，完成表 1–16 车床的装夹方式及主要应用的填写。

表 1–16　　车床的装夹方式及主要应用

车床装夹图	方式	主要应用
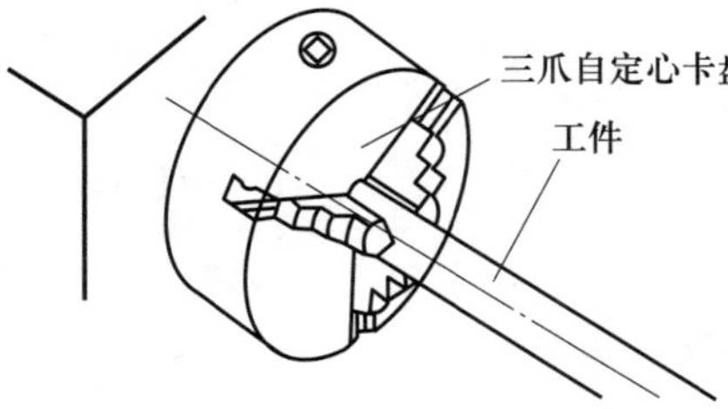		
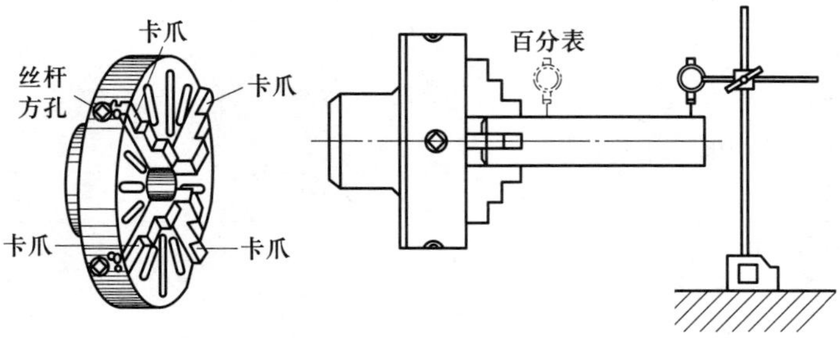		
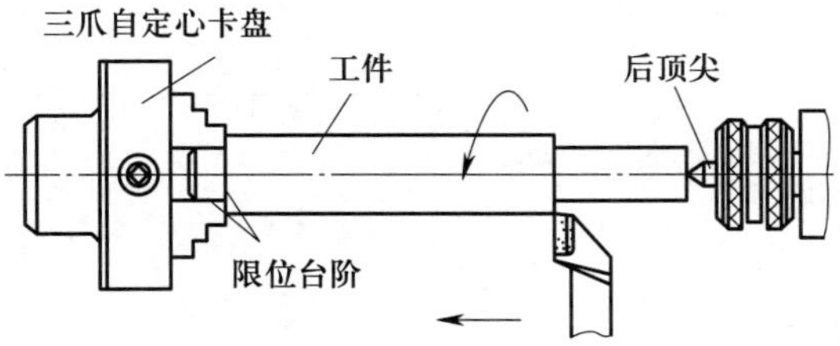		
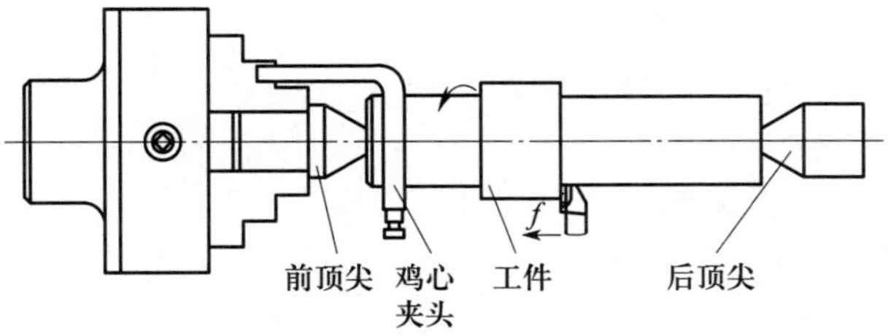		

根据拉杆的毛坯特征选择的装夹方式是____________。装夹拉杆时，伸出卡盘的长度通常约为____________mm。

（2）结合图 1–4 所示车刀安装示意图，完成表 1–17 车刀安装基本要求及注意事项的填写。

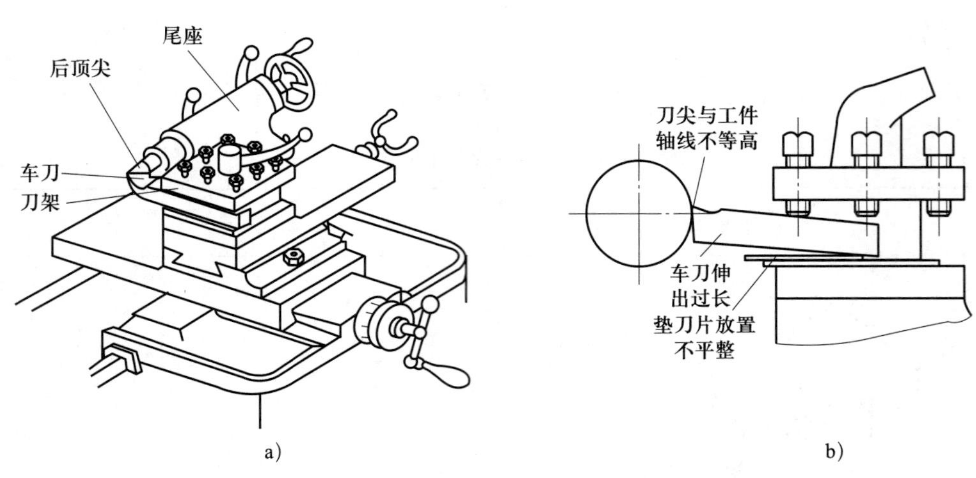

图 1–4　车刀安装示意图

表 1–17　车刀安装基本要求及注意事项

基本要求及注意事项	结合实践，回答下列问题，并在恰当的选项前打“√”
车刀安装的基本要求	□刀尖的高度 □刀具伸出的长度 □刀具的工作角度 □以上 3 项都正确
刀具安装时伸出的长度一般为	□刀柄的 1.5 倍 □刀柄的 2 倍 □刀柄的 3 倍
刀具安装时，伸出过长会造成怎样的后果	□刀具的刚度降低 □刀具振动，影响工件的表面粗糙度 □以上两项都正确
安装车刀时，刀尖高度应该	□对准工件回转中心 □略高于工件回转中心 □略低于工件回转中心
安装车刀时角度应	□与车刀进给方向垂直 □与车刀进给方向倾斜 10° ~ 15° □与车刀进给方向倾斜 45°
正确的刀具安装注意事项包括	□刀具安装时，要对刀柄及刀架进行清洁 □夹紧刀具时，至少要两颗螺钉压紧在刀架上 □禁止使用套筒拧紧螺钉 □垫刀片要平整，数量要少 □以上 4 项都正确
安装车刀时，刀尖如果低于回转中心会有哪些影响	□影响工件表面粗糙度 □刀具容易受热发黑 □刀具受工件挤压，加剧磨损而断裂
安装车刀时，刀尖如果高于回转中心会有哪些影响	□刀尖容易崩坏 □影响工件表面粗糙度 □刀具容易受热发黑或变形

（3）阅读拉杆加工工艺卡，合理选择车外圆时的切削用量，并完成表 1–18 的填写。

表 1–18　　车外圆时的切削用量

加工阶段 \ 切削用量	切削速度 v_c/（m/min）	背吃刀量 a_p/mm	进给量 f/（mm/r）
粗加工			0.2 ~ 0.4
精加工			0.11 ~ 0.15

思考问题：粗车、精车的切削用量可否相同，为什么？

3．加工过程

（1）简述车拉杆外圆柱面的关键步骤。

（2）加工拉杆次要尺寸中的长度尺寸时，有哪些加工方法？拉杆加工应采用哪种控制方法？

（3）简述用游标卡尺测量拉杆外圆、长度等尺寸时出现检测尺寸不准确的主要原因。

（4）简述拉杆的滚花过程。

（5）查阅螺纹加工相关资料，结合图 1–5 所示套螺纹加工，简述丝锥如何对准工件和切入材料。

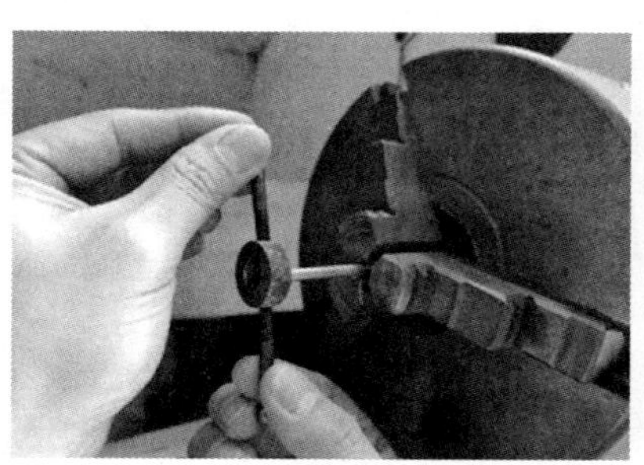

图 1–5　套螺纹加工

（6）结合套螺纹操作实例，简述用图 1-6 所示螺纹量规检测内、外螺纹是否合格的方法。

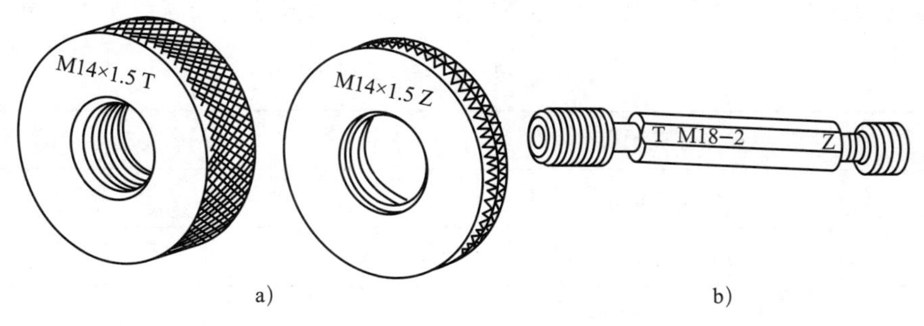

图 1-6　螺纹量规

图 1-6a 所示的量规用于检测____________螺纹，图 1-6b 所示的量规用于检测____________螺纹。

螺纹通规的符号为________，螺纹止规的符号为________。当螺纹通规能______________，螺纹止规能______________时，表示该螺纹合格。

在测量时，如果发现通规难以旋入，应对螺纹的直径、牙型、螺距和表面粗糙度进行检查，经过修正后再用量规检测，切忌不可__________，以免损坏量规。

（7）简述拉杆采用哪种切断方法最合理。若采用硬质合金车槽（切断）刀切断拉杆，应如何选择切削用量？

（8）加工拉杆时需要使用切削液吗？如果需要，应如何选择合适的切削液？

4．加工完维护与保养

机床的日常维护和保养清单见表 1–19，根据清单对所使用的设备进行日常维护和保养。

表 1–19　　机床的日常维护和保养清单

日常保养项目	完成打“√”，未完成打“×”
工件是否取下	
刀具是否取下	
工位无切屑等杂物	
机床导轨是否打扫干净，无切削液	
切屑是否打扫干净	
机床外观是否擦拭干净	
机床主轴是否回到规定位置，手柄是否归位	
锁紧螺母是否保持松开状态	
机床导轨上是否加注润滑油	
工具箱是否清理干净	

二、拉杆的检测

检测所加工的拉杆是否合格，并完成表 1–20 的填写。

表 1–20　　拉杆质量评价表

工件编号		配分	项目与技术要求	评分标准	检测记录	得分
序号	名称					
1	主要尺寸（30 分）	15	ϕ 20 mm（网纹 m=0.8 mm）	超差 0.02 mm 扣 2 分		
2		15	M8（螺纹）	不合格不得分		
3	次要尺寸（45 分）	10	12 mm	超差 0.02 mm 扣 2 分		
4		10	61 mm	超差 0.02 mm 扣 2 分		
5		10	85 mm	超差 0.02 mm 扣 2 分		
6		15	倒角 C0.5 mm（3 处）	不合格不得分		
7	表面粗糙度（10 分）	10	$Ra \leqslant 1.6$ μm	降一级扣 5 分		
8	主观评分（10 分）	3.5	已加工零件倒角、倒圆、去毛刺是否符合图样要求			
9		3.5	已加工零件是否有划伤、碰伤和夹伤			
10		3	已加工零件与图样要求的一致性			

续表

工件编号 / 序号	名称	配分	项目与技术要求	评分标准	检测记录	得分
11	更换毛坯（5分）	5	是否更换毛坯	是 / 否		
12	职业素养	扣分	能正确穿戴工作服、工作鞋、安全帽等劳动防护用品。每违反一项扣2分			
13			能按机床使用规范正确进行开关机、对刀等基本操作。每误操作一次扣2分			
14			能规范使用及保养工具、量具和辅具。每违规操作一次扣2分			
15			能做好设备清洁、保养工作。不清洁、不保养扣3分；保养不彻底扣2分			
总配分			100	总得分		

学习活动 4　工作总结与评价

学习目标

1. 能自信地展示自己的作品，讲述自己作品的优势和特点。

2. 能与班组长、工具管理员等相关人员进行有效的沟通与合作，了解有效沟通和团队合作的重要性。

3. 能积极主动展示工作成果，对学习和工作过程中出现的问题进行反思和总结，优化加工方案和策略，具备知识迁移能力。

建议学时：2 学时。

学习过程

一、作品展示

以小组为单位派出代表介绍自己小组的优秀作品，通过作品展示，锻炼每一位小组成员的表达能力，同时提升自己的专业素养。

1．选出组内评价较高的作品进行展示，并就作品的实用性、工艺性和产品质量等内容做必要介绍，听取并记录其他小组对本组作品的评价和改进建议。

（1）实用性：

（2）工艺性：

（3）产品质量

1）尺寸精度：

2）几何精度：

3）表面粗糙度：

2．所展示的作品中有哪些部位存在尺寸缺陷和表面质量缺陷？简要分析是什么原因导致的，并总结出避免质量缺陷的加工建议。

（1）质量缺陷

1）尺寸缺陷：

2）表面质量缺陷：

（2）简要分析造成质量缺陷的原因。

（3）在加工过程中应注意哪些事项？

二、总结拉杆加工的心得体会

1．本任务包括哪些车削应用的相关知识？

2．本任务在绘图方面的能力要求有哪些？

3．按照本任务加工工艺卡中给定的加工顺序进行加工，对保障产品精度和质量有哪些意义？若变更加工顺序会产生怎样的影响？

4．简述生产企业在每次执行新的加工任务前，制定详细的工艺方案和工作计划的理由。

三、加工成本估算

1．总结加工工序、工时，进行简单的成本估算，并完成表 1–21 的填写。

表 1–21　　成本估算表

序号	加工内容	预计工时	成本测算项目			成本估算值
			设备	能源	辅料	
1						
2						
3						
4						
5						
6						
7						
8						
9						
10						

2．在估算拉杆的生产成本时，是否需要考虑人工费、管理费和税费？如果要计算人工费、管理费和税费，拉杆的成本应如何估算？请重新估算后把追加的成本因素写下来。

四、评价与分析

对本次学习任务进行评价与分析，并完成表 1–22 的填写。

表 1–22　　学习任务评价表

<table>
<tr><td>班级</td><td></td><td>姓名</td><td></td><td>学号</td><td></td><td>日期</td><td>年　月　日</td></tr>
</table>

<table>
<tr><td colspan="6">评分标准</td></tr>
<tr><td>序号</td><td>评价内容</td><td>评分细则</td><td>配分</td><td>得分</td><td>总评</td></tr>
<tr><td rowspan="4">1</td><td rowspan="4">能绘制拉杆零件图（15 分）</td><td>各零件表达完整，少一个扣 0.5 分</td><td>5</td><td></td><td rowspan="31">A □
（100 ～ 86 分）
B □
（85 ～ 76 分）
C □
（75 ～ 60 分）
D □
（60 分以下）</td></tr>
<tr><td>尺寸标注完整，少一个扣 0.5 分</td><td>4</td><td></td></tr>
<tr><td>技术要求不少于两点，少一个扣 1 分</td><td>3</td><td></td></tr>
<tr><td>标题栏内容完整，少一个扣 0.5 分</td><td>3</td><td></td></tr>
<tr><td rowspan="3">2</td><td rowspan="3">能简述车床各操作手柄的名称及其作用（15 分）</td><td>车床的概念、车床的加工范围</td><td>3</td><td></td></tr>
<tr><td>车床的结构</td><td>6</td><td></td></tr>
<tr><td>车床操作手柄</td><td>6</td><td></td></tr>
<tr><td rowspan="4">3</td><td rowspan="4">能简述刃磨外圆车刀、车槽刀的方法及注意事项（15 分）</td><td>外圆车刀的组成</td><td>3</td><td></td></tr>
<tr><td>车刀的刃磨角度</td><td>5</td><td></td></tr>
<tr><td>车刀的刃磨方法</td><td>5</td><td></td></tr>
<tr><td>刃磨车刀的注意事项</td><td>2</td><td></td></tr>
<tr><td rowspan="3">4</td><td rowspan="3">能简述外圆柱面车削的步骤及检测方法（10 分）</td><td>简述车削步骤（4 点以上得 10 分）</td><td rowspan="3">10</td><td rowspan="3"></td></tr>
<tr><td>简述车削步骤（2 ～ 3 点得 5 分）</td></tr>
<tr><td>简述检测方法（得 2 分）</td></tr>
<tr><td rowspan="2">5</td><td rowspan="2">能简述滚花的加工方式及检测方法（5 分）</td><td>简述滚花的加工方式</td><td>3</td><td></td></tr>
<tr><td>简述滚花的检测方法</td><td>2</td><td></td></tr>
<tr><td rowspan="2">6</td><td rowspan="2">能简述套螺纹的加工及检测方法（5 分）</td><td>简述套螺纹的加工方法</td><td>3</td><td></td></tr>
<tr><td>简述套螺纹的检测方法</td><td>2</td><td></td></tr>
<tr><td rowspan="2">7</td><td rowspan="2">能简述零件的切断及检测方法（5 分）</td><td>简述零件的切断方法</td><td>3</td><td></td></tr>
<tr><td>简述零件切断后的检测方法</td><td>2</td><td></td></tr>
<tr><td rowspan="3">8</td><td rowspan="3">模拟拉杆领取入库的流程（10 分）</td><td>模拟流程熟练（得 10 分）</td><td rowspan="3">10</td><td rowspan="3"></td></tr>
<tr><td>模拟流程合格（得 6 分）</td></tr>
<tr><td>模拟流程不合格（得 3 分）</td></tr>
<tr><td rowspan="2">9</td><td rowspan="2">能简述拉杆的技术鉴定内容及方法（10 分）</td><td>简述拉杆的技术鉴定内容及方法（3 点以上得 10 分）</td><td rowspan="2">10</td><td rowspan="2"></td></tr>
<tr><td>简述拉杆的技术鉴定内容及方法（1 ～ 2 点得 5 分）</td></tr>
<tr><td rowspan="3">10</td><td rowspan="3">能简述零件质量的检测方法（6 分）</td><td>简述零件质量的检测方法（3 点以上得 6 分）</td><td rowspan="3">6</td><td></td></tr>
<tr><td>简述零件质量的检测方法（两点以上得 3 分）</td><td></td></tr>
<tr><td>简述零件质量的检测方法（1 点以上得 1 分）</td><td></td></tr>
<tr><td rowspan="3">11</td><td rowspan="3">能积极参加小组讨论，具有团队合作意识（小组长对成员打分）（4 分）</td><td>参与积极性、合作意识好（得 4 分）</td><td rowspan="3">4</td><td rowspan="3"></td></tr>
<tr><td>参与积极性、合作意识较好（得 3 分）</td></tr>
<tr><td>参与积极性、合作意识一般（得 1 分）</td></tr>
<tr><td>小结建议</td><td></td><td>总得分</td><td colspan="3"></td></tr>
</table>

学习任务二　导滑块的加工

学习目标

1. 能叙述车间和工作区的范围与限制，理解企业对环境、安全、卫生和事故的预防标准。

2. 能检查工作区、设备、工具、材料的状况和功能。

3. 能按照车间安全防护规定，正确穿戴劳动防护用品，严格执行安全操作规程。

4. 能根据加工任务书确定小组成员，通过讨论明确工作任务和要求，共同制订合理的工作计划。

5. 能借助技术手册，查阅任务中毛坯材料及刀具材料的牌号、几何公差和切削用量等知识，理解技术手册在生产中的重要性。

6. 能根据加工任务书、零件图中的加工要求，通过查阅铣工工艺学，分析并制定零件的加工工艺，完成加工工艺卡的填写，并理解产品加工工艺在生产中的重要性。

7. 能在铣床上完成钻中心孔、钻孔、铰孔等加工步骤。

8. 能依据加工工艺卡，按技术要求完成零件的加工。

9. 能规范、熟练地使用游标卡尺、千分尺、刀口形直角尺、塞规等通用量具对导滑块进行检测，判断加工质量，分析产生误差的原因，优化加工方案和策略。

10. 能在作业过程中严格执行企业操作规范、安全生产制度、环保管理制度和“7S”管理规定，严格遵守从业人员的职业道德，树立吃苦耐劳、爱岗敬业的工作态度以及精益求精的质量管控意识和职业责任感。

11. 能按车间现场“7S”管理规定和产品工艺流程的要求，整理现场，正确放置工具、产品，对机床、工具进行维护与保养，并规范填写保养记录表。

12. 能与班组长、工具管理员等相关人员进行有效的沟通与合作，了解有效沟通和团队合作的重要性。

13. 能积极主动展示工作成果，对学习和工作过程中出现的问题进行反思和总结，优化加工方案和策略，具备知识迁移能力。

建议学时

62 学时。

某校接到一项生产任务，要求以较低的生产成本协助制作某套注塑模具的侧向分型抽芯机构，工期为10天，经检验合格后交付客户使用。车间立即将任务分配给各生产小组，本组负责生产侧向分型抽芯机构的导滑块。

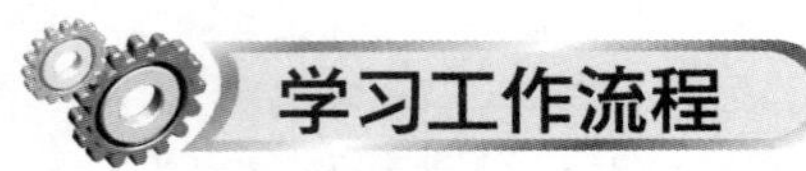

学习活动 1　接受工作任务，明确工作要求（22 学时）

学习活动 2　阅读加工工艺卡，明确加工步骤和方法（12 学时）

学习活动 3　导滑块的加工及检验（24 学时）

学习活动 4　工作总结与评价（4 学时）

学习活动 1　接受工作任务，明确工作要求

学习目标

1. 能根据加工任务书确定小组成员，通过讨论明确工作任务和要求，共同制订合理的工作计划。

2. 能借助技术手册，查阅任务中毛坯材料及刀具材料的牌号、几何公差和切削用量等知识，理解技术手册在生产中的重要性。

建议学时：22 学时。

学习过程

一、阅读生产任务单，明确工作任务

按照规定从生产主管处领取生产任务单（表 2–1），完成生产任务单的填写并签字确认。

表 2–1　　导滑块生产任务单

单　　号：＿＿＿＿＿＿　　　　开单时间：＿＿年＿＿月＿＿日

开单部门：＿＿＿＿＿＿　　　　开 单 人：＿＿＿＿＿＿

接 单 人：＿＿部＿＿组＿＿　　签　　名：＿＿＿＿＿＿

以下由开单人填写				
产品名称	材料	数量	技术标准、质量要求	
导滑块	45 钢	6	按图样要求	
任务细则	1. 到仓库领取相应的材料 2. 根据现场情况选用合适的工具、量具和设备 3. 根据加工工艺进行加工，交付检验 4. 填写生产任务单，清理工作场地，对工具、量具和设备进行维护与保养			
任务类型	铣削加工		完成工时	62 h

续表

<table>
<tr><td>产品名称</td><td>材料</td><td>数量</td><td>技术标准、质量要求</td></tr>
<tr><td>领取材料</td><td colspan="2"></td><td rowspan="2">仓库管理员（签名）
年　月　日</td></tr>
<tr><td>领取工具、量具</td><td colspan="2"></td></tr>
<tr><td>完成质量
（小组评价）</td><td colspan="2"></td><td>班组长（签名）
年　月　日</td></tr>
<tr><td>用户意见
（教师评价）</td><td colspan="2"></td><td>用户（签名）
年　月　日</td></tr>
<tr><td>改进措施
（反馈改良）</td><td colspan="3"></td></tr>
</table>

注：生产任务单与零件图、加工工艺卡一起领取。

1．根据表 2–1 导滑块生产任务单，填写零件名称、材料、数量和完成时间。

零件名称：＿＿＿＿＿＿＿＿；材　　料：＿＿＿＿＿＿＿；

数　　量：＿＿＿＿＿＿＿＿；完成时间：＿＿＿＿＿＿＿。

2．查阅资料，明确侧向分型抽芯机构中导滑块的作用。

二、零件图样分析

图 2–1、图 2–2 所示分别为导滑块 1 和导滑块 2 的零件图。

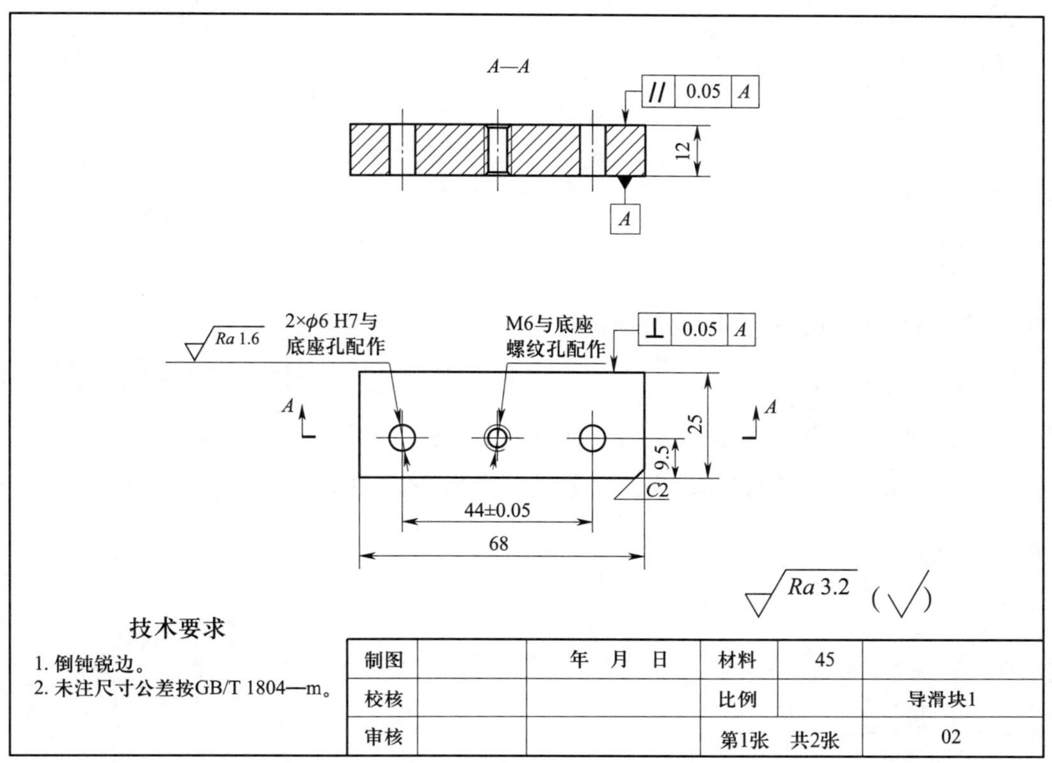

图 2–1　导滑块 1 零件图

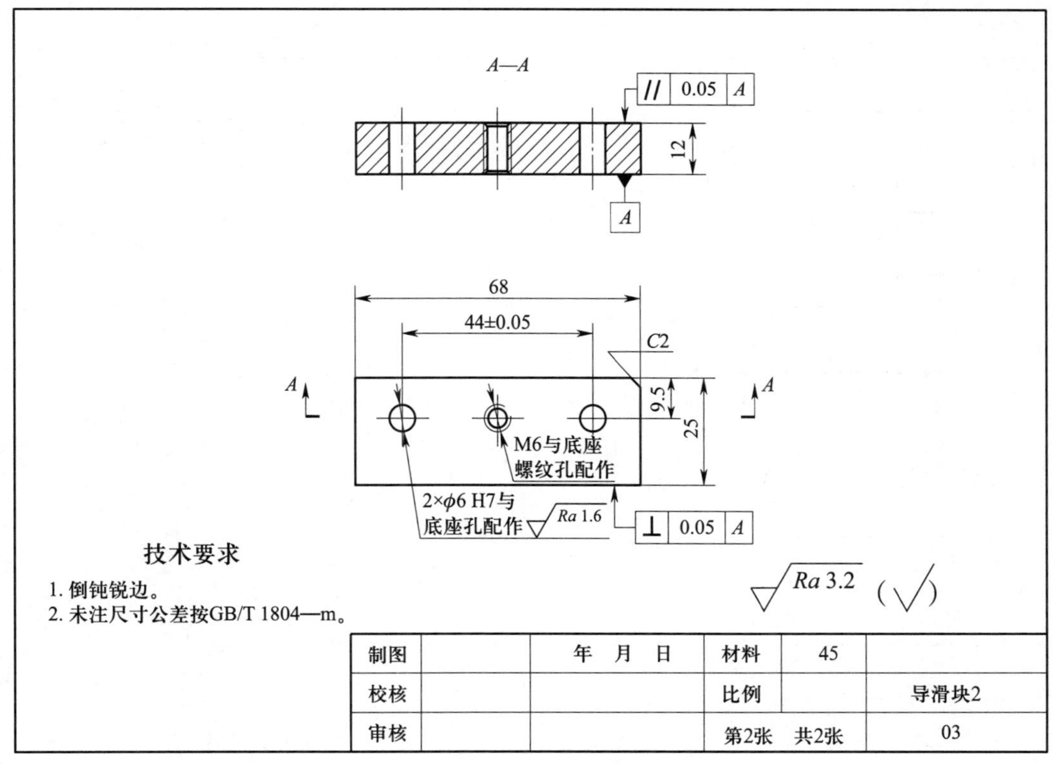

图 2–2　导滑块 2 零件图

1．阅读标题栏，简述导滑块标题栏的内容与技术要求。

2．分析导滑块零件图，回答下列问题。

导滑块零件图中的几何公差分别是____________和______________。外形尺寸中长为____________mm，宽为______________mm，高为________________mm。

3．查阅资料，填写几何公差的名称、符号、基准、概念和公差值。

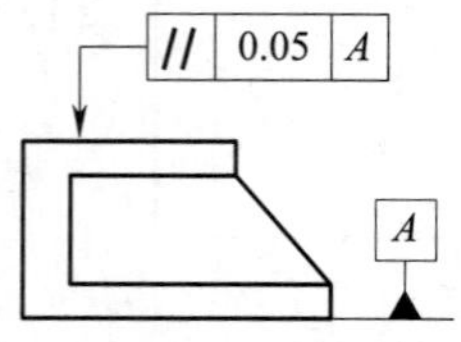

名称：平行度

符号：__________________

基准：__________________

概念：____

公差值：__________________

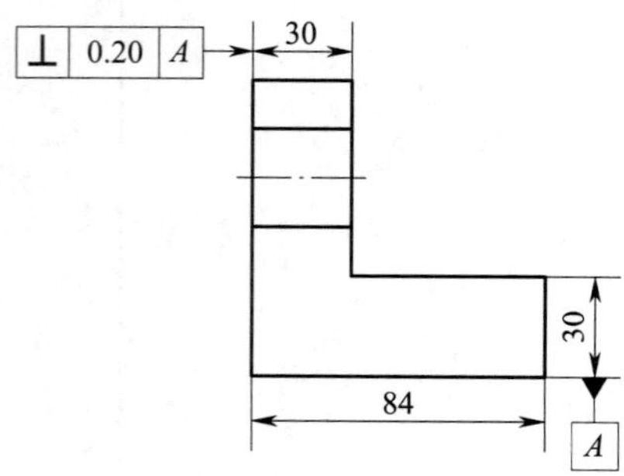

名称：垂直度

符号：__________________

基准：__________________

概念：____

公差值：__________________

4．将导滑块的主要加工尺寸和几何公差要求填写在表 2–2 中。

表 2–2　　导滑块主要加工尺寸和几何公差要求

序号	主要加工尺寸	几何公差等级或偏差范围
1	68 mm	67.9 ~ 68.1 mm
2	25 mm	
3	12 mm	
4		
5		

5．在铣削加工中，一般在备料时单边均留有 2 ~ 3 mm 的余量，根据图样要求，选用的毛坯尺寸为____________mm×____________mm×____________mm，使用__________来判断毛坯尺寸是否合格。

三、绘制零件图

按照国家标准，在下方图框内正确绘制导滑块零件图（可附图纸粘贴于此）。

学习活动 2　阅读加工工艺卡，明确加工步骤和方法

学习目标

1. 能正确识读加工工艺卡，明确加工步骤和方法。
2. 能正确使用铣床各操作手柄，完成装刀操作。
3. 能根据加工工艺制定加工工序。

建议学时：12 学时。

学习过程

一、阅读加工工艺卡

阅读导滑块加工工艺卡（表 2–3），明确导滑块加工步骤和方法。

表 2–3　　导滑块加工工艺卡

<table>
<tr><td colspan="3" rowspan="2">（单位名称）</td><td rowspan="2">加工工艺卡</td><td>产品名称</td><td colspan="2">导滑块</td><td colspan="2">图号</td><td colspan="2"></td></tr>
<tr><td>零件名称</td><td colspan="2"></td><td colspan="2">数量</td><td>6</td><td>第　页</td></tr>
<tr><td colspan="2">材料种类</td><td>45 钢</td><td>材料成分</td><td></td><td colspan="2">毛坯尺寸</td><td colspan="3">70 mm × 30 mm × 15 mm</td><td>共　页</td></tr>
<tr><td rowspan="2">工序</td><td rowspan="2">工步</td><td rowspan="2">工序名称</td><td colspan="2" rowspan="2">工序内容</td><td rowspan="2">车间</td><td rowspan="2">设备</td><td colspan="2">工具</td><td rowspan="2">计划工时</td><td rowspan="2">实际工时</td></tr>
<tr><td>量具、刃具</td><td>辅具</td></tr>
<tr><td>1</td><td></td><td>铣基准面</td><td colspan="2">选择较平行的两面进行装夹，铣出基准面</td><td>铣工车间</td><td>铣床</td><td>ϕ 10 mm 硬质合金立铣刀</td><td>机床用平口虎钳</td><td></td><td></td></tr>
<tr><td>2</td><td></td><td>铣六面体</td><td colspan="2">加工基准面的对面至图样精度要求，然后加工任意相邻面与基准面垂直，最后加工外形尺寸，使尺寸精度、几何精度符合图样要求（注意公称尺寸应尽量保持最大）</td><td>铣工车间</td><td>铣床</td><td>ϕ 10 mm 硬质合金立铣刀、游标卡尺、刀口形直角尺</td><td>机床用平口虎钳</td><td></td><td></td></tr>
<tr><td>3</td><td></td><td>铣倒角</td><td colspan="2">使用高度游标卡尺和划针划出倒角线，旋转立铣头铣倒角</td><td>铣工车间</td><td>铣床</td><td>ϕ 10 mm 硬质合金立铣刀</td><td>机床用平口虎钳、高度游标卡尺、划针</td><td></td><td></td></tr>
</table>

续表

<table>
<tr><td rowspan="2">工序</td><td rowspan="2">工步</td><td rowspan="2">工序名称</td><td rowspan="2">工序内容</td><td rowspan="2">车间</td><td rowspan="2">设备</td><td colspan="2">工具</td><td rowspan="2">计划工时</td><td rowspan="2">实际工时</td></tr>
<tr><td>量具、刃具</td><td>辅具</td></tr>
<tr><td>4</td><td></td><td>去毛刺并倒钝锐边</td><td>用刮刀去毛刺并倒钝锐边</td><td>铣工车间</td><td></td><td>刮刀</td><td></td><td></td><td></td></tr>
<tr><td colspan="3">更改号</td><td></td><td colspan="2">拟定</td><td>校正</td><td>审核</td><td colspan="2">批准</td></tr>
<tr><td colspan="3">更改者</td><td></td><td colspan="2"></td><td></td><td></td><td colspan="2"></td></tr>
<tr><td colspan="3">日期</td><td></td><td colspan="2"></td><td></td><td></td><td colspan="2"></td></tr>
</table>

注：M6 螺纹孔和 ϕ6 mm 销孔与底座配作。

1．加工步骤的分析与确定

对照加工工艺卡，明确加工步骤，在表 2–4 中绘制加工工艺卡中各工序对应的工序简图。

表 2–4　各工序对应的工序简图

序号	工序	工序简图
1	铣基准面	
2	铣六面体	
3	铣倒角	

2．确定 6 个面的铣削顺序

查阅铣削加工基础知识的相关资料，选择图 2–3 所示六面体 6 个面中的哪一个面为粗基准较合适？排列 6 个面的铣削顺序。

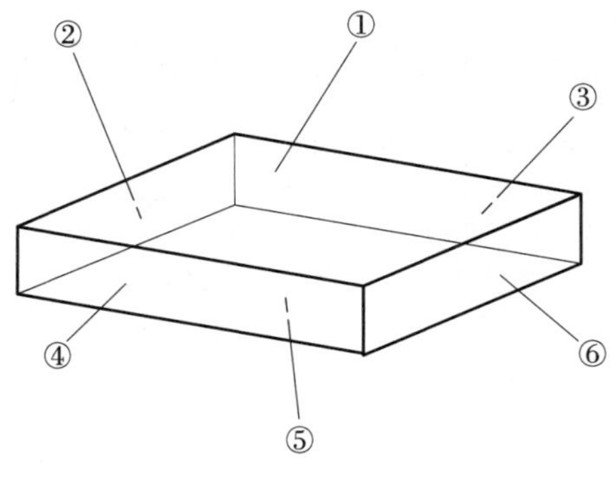

图 2–3　六面体

首先铣____________面；其次铣____________面；接着铣______________面；

再次铣____________面；之后铣____________面；最后铣______________面。

（从①～⑥中选择正确的序号填在横线上。）

二、选择设备、刀具和切削用量

1．X6132 型卧式万能升降台铣床

X6132 型卧式万能升降台铣床有纵向超大行程和悬臂式控制面板，适用于平面、斜面、角度和沟槽的加工，在铣床上安装分度头等附件后，还能铣齿轮、刀具、螺旋槽、凸轮和鼓轮等工件，广泛用于机械加工各行业。

（1）查阅资料，解释 X6132 型卧式万能升降台铣床中各字母和数字的含义。

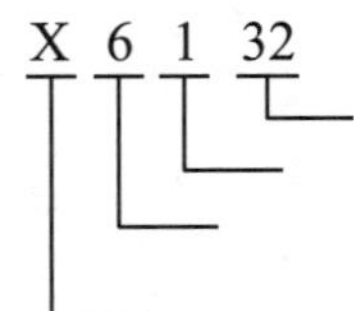

（2）图 2-4 所示为 X6132 型卧式万能升降台铣床，正确填写铣床各主要部分的名称。

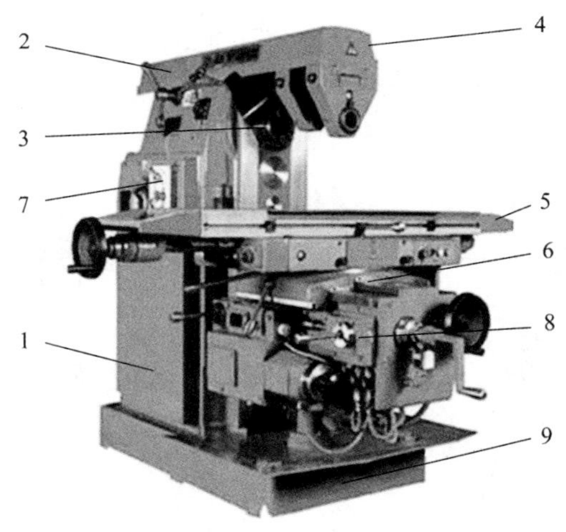

图 2-4 X6132 型卧式万能升降台铣床

1—______________；2—______________；3—______________；4—______________；5—______________；

6—______________；7—______________；8—______________；9—______________。

（3）查阅资料，简述 X6132 型卧式万能升降台铣床各主要部分的功能。

1）床身：

2）悬梁：

3）主轴：

4）纵向工作台：

5）横向工作台：

6）升降台：

7）主轴变速机构：

8）进给变速机构：

9）底座：

（4）X6132 型卧式万能升降台铣床是目前应用最广泛的一种铣床，简述其主要特点。

（5）查阅资料，填写 X6132 型卧式万能升降台铣床的主要技术参数。

1）工作台的工作面积（宽 × 长）： ____________mm×______________mm。

2）工作台的最大行程（手动）：纵向__________mm；横向____________mm；垂直____________mm。

3）工作台的最大行程（机动）：纵向__________mm；横向____________mm；垂直____________mm。

4）工作台的最大回转角度： ________________。

5）主轴轴线到工作台面的距离：______________mm。

6）主轴转速（18 级）：____________________r/min。

7）主轴前端锥度：________________。

（6）观察铣床，填写表 2–5 铣床各操作手柄每格刻度值、每转移动量及正方向。

表 2–5　铣床各操作手柄每格刻度值、每转移动量及正方向

手柄名称	每格刻度值	手柄每转移动量	正方向（前进、上升）
纵向手柄			
横向手柄			
垂直方向手柄			

（7）图 2–5 所示为 X6132 型卧式万能升降台铣床润滑保养示意图，在图中填写各部位润滑要求的时间。

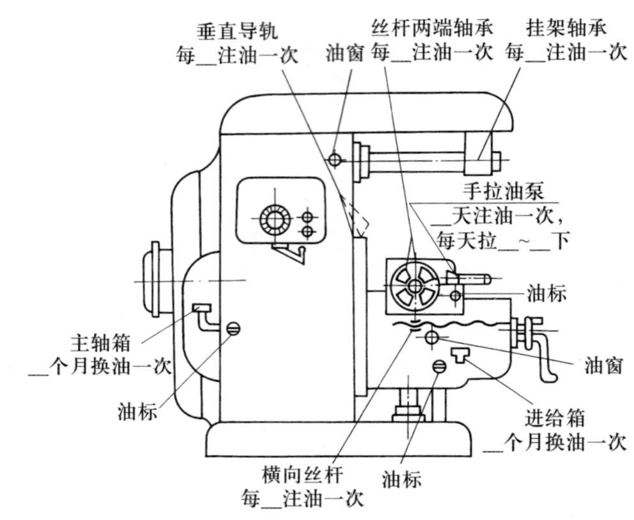

图 2–5　X6132 型卧式万能升降台铣床润滑保养示意图

2．铣床操作练习

（1）主轴变速操作

结合图 2–6 简述主轴变速操作过程。

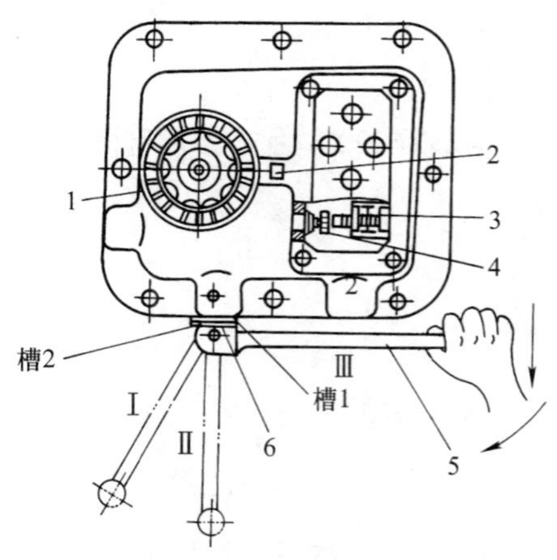

图 2–6　主轴变速操作示意图

1—转速盘　2—指针　3—螺钉　4—冲动开关　5—变速手柄　6—固定环

提示

变速操作时，连续变换的次数不宜超过 3 次，必要时，隔 5 min 后再进行变速，以免因启动电流过大导致电动机超负荷，将电动机线路烧坏。

（2）进给变速操作

1）结合图 2–7 简述工作台纵向、横向和垂直方向的手动进给操作过程及注意事项。

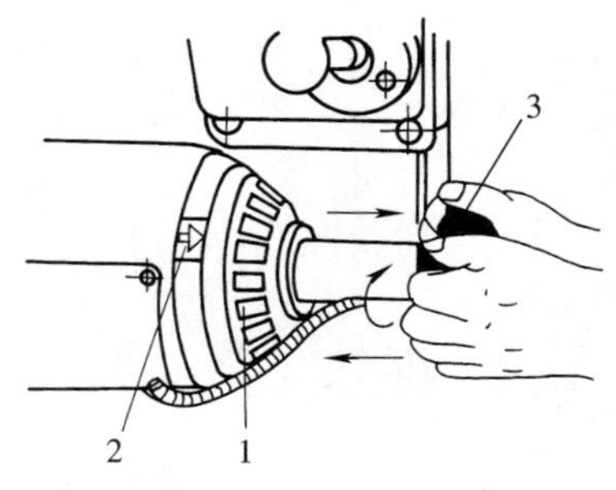

图 2–7　进给变速操作

1—转速盘　2—指针　3—变速手柄

2）简述进给变速操作过程及注意事项。

（3）工作台纵向、横向和垂直方向的机动进给操作

1）结合图 2–8 简述工作台垂直方向的机动进给操作过程及注意事项。

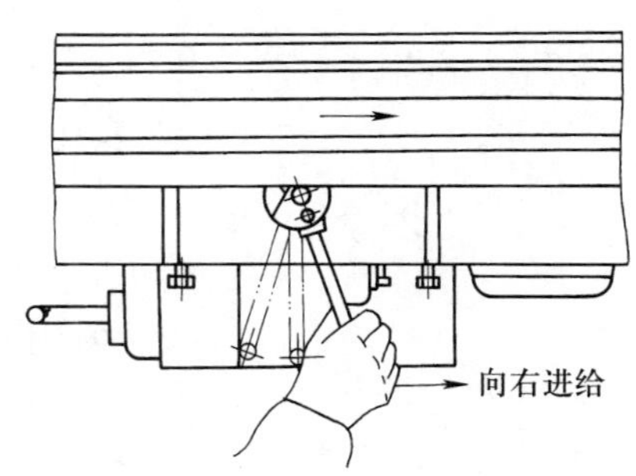

图 2–8　工作台垂直方向的机动进给操作

2）结合图 2–9 简述工作台横向、纵向的机动进给操作过程及注意事项。

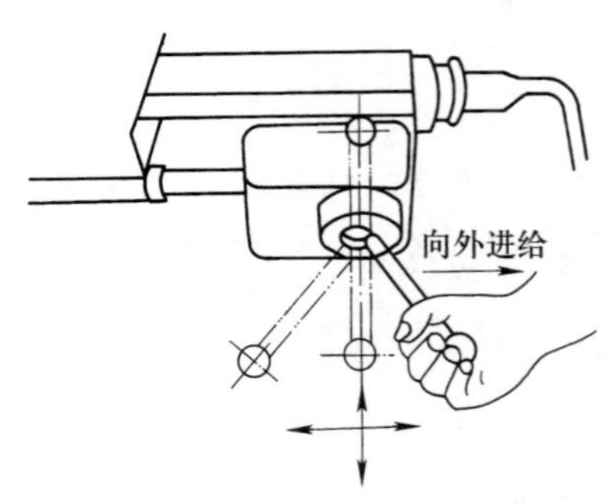

图 2–9　工作台横向、纵向的机动进给操作

提示

以上各手柄，只要接通其中一个，就相应地接通了电动机的电气开关，可使电动机“正转”或“反转”，工作台就处于某一方向的机动进给运动。因此，操作时只能接通一个手柄，不能同时接通两个。

（4）各手柄的进给量

使工作台在纵向、横向和垂直方向分别移动 2.5 mm、5 mm、8 mm 等距离，各刻度盘分别需要移动______格、______格、______格。

（5）X6132 型卧式万能升降台铣床的万能立铣头（图 2–10）

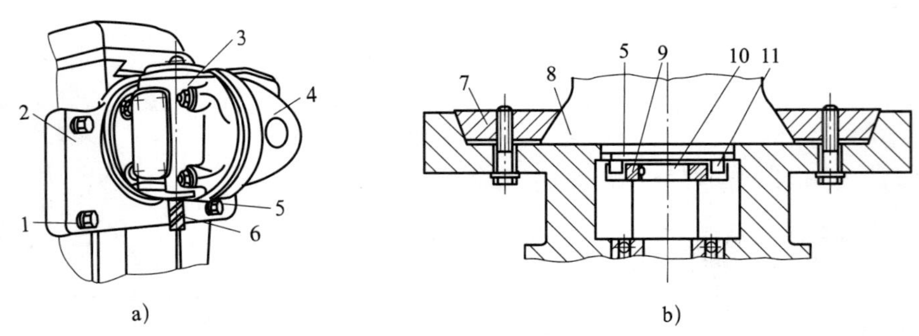

图 2–10　X6132 型卧式万能升降台铣床的万能立铣头

a）万能立铣头　b）立铣头安装平面图

1—螺钉　2—座体　3—主轴座体　4—壳体　5—主轴　6—铣刀　7—镶条

8—床身导轨　9—连接盘　10—轴　11—铣床主轴凸键

1）简述万能立铣头的功用。

2）简述万能立铣头的组成。

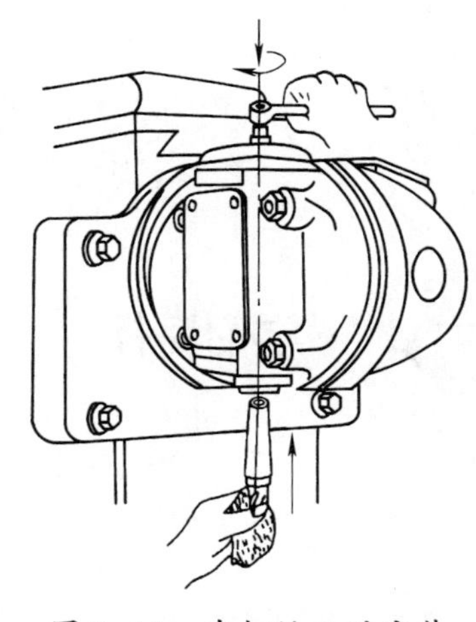
图 2–11 直柄铣刀的安装

（6）直柄铣刀的安装（图 2–11）

1）直柄铣刀一般借助____________或钻夹头安装在主轴锥孔内。

2）安装直柄铣刀时，用专用扳手松开底端的圆螺母，装入________并按紧，用手旋入圆螺母快至上端时，装入__________，再用勾头扳手旋紧圆螺母。

3．选择刀具和切削用量

加工导滑块的刀具及切削用量见表 2–6。

表 2–6 加工导滑块的刀具及切削用量

工序	工序内容	刀具	主轴转速 /（r/min）	进给量 /（mm/min）	铣削深度 /mm	切削宽度 /mm
1	铣基准面	ϕ 10 mm 硬质合金立铣刀	2 800 ~ 3 000	400 ~ 500	1	7 ~ 8
2	铣六面体	ϕ 10 mm 硬质合金立铣刀	2 800 ~ 3 000	400 ~ 500	2 ~ 3	7 ~ 8
3	铣倒角	ϕ 10 mm 硬质合金立铣刀	2 800 ~ 3 000	400 ~ 500	2	7 ~ 8

学习活动 3 导滑块的加工及检验

学习目标

1. 能熟练掌握机床用平口虎钳（以下简称机用虎钳）的安装及校正方法。

2. 能了解机用虎钳的结构。

3. 能用百分表校正固定钳口与铣床主轴轴线垂直或平行。

4. 能在机用虎钳上装夹工件。

5. 能正确铣基准面和六面体并保证其尺寸。

6. 能利用倾斜立铣头法铣斜面。

建议学时：24 学时。

学习过程

一、导滑块的加工

1．领料

按照填写好的生产任务单（或领料单），分小组从指导教师处领取毛坯和相应的辅具，并检查是否能用和够用。

2．加工前准备

（1）机用虎钳的安装及校正

机用虎钳是铣床上常用的装夹工件的辅具。铣工件的平面、台阶、斜面和轴类零件的键槽时都可以用机用虎钳装夹工件。

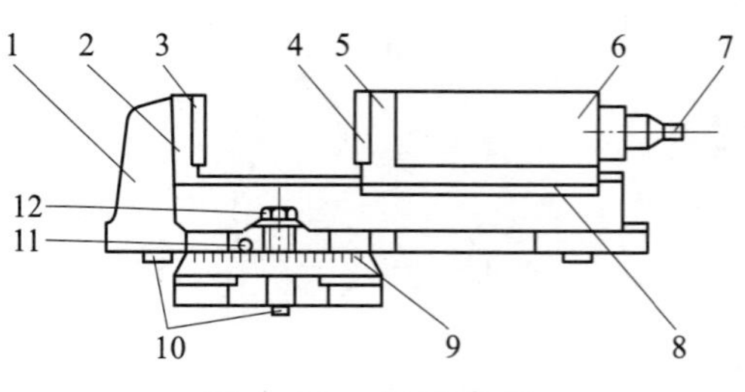

图 2–12 机用虎钳

1）机用虎钳的主要结构

填写图 2–12 所示机用虎钳各部分的名称。

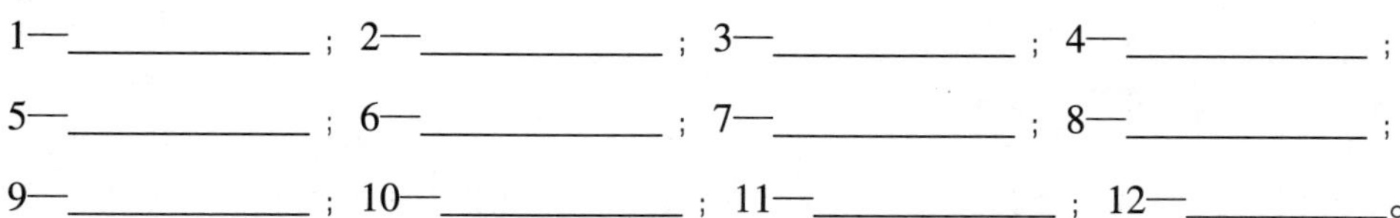

1—＿＿＿＿＿；2—＿＿＿＿＿；3—＿＿＿＿＿；4—＿＿＿＿＿；

5—＿＿＿＿＿；6—＿＿＿＿＿；7—＿＿＿＿＿；8—＿＿＿＿＿；

9—＿＿＿＿＿；10—＿＿＿＿＿；11—＿＿＿＿＿；12—＿＿＿＿＿。

2）机用虎钳的安装

结合图 2–13 所示机用虎钳的安装位置，简述机用虎钳的安装步骤。

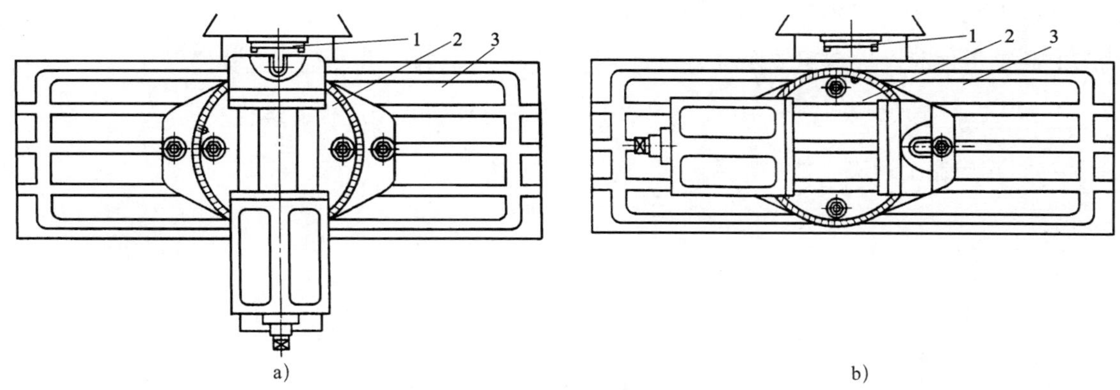

图 2–13　机用虎钳的安装位置

a）固定钳口与铣床主轴轴线垂直　b）固定钳口与铣床主轴轴线平行

1—铣床主轴　2—机用虎钳　3—工作台

3）机用虎钳的校正

如图 2–14 所示为用百分表校正固定钳口，简述机用虎钳的校正步骤。

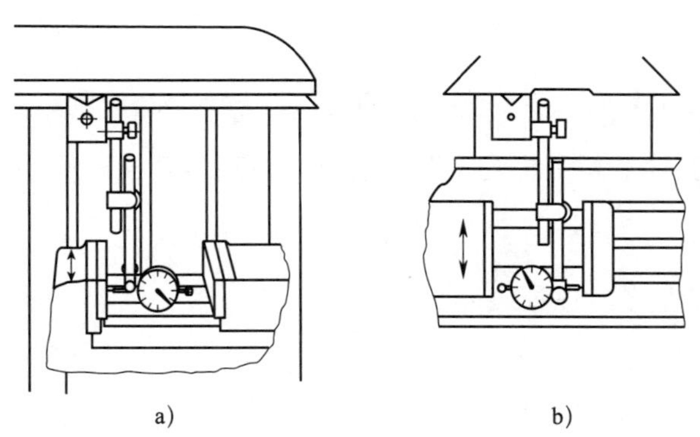

图 2–14　用百分表校正固定钳口

a）固定钳口与铣床主轴轴线垂直　b）固定钳口与铣床主轴轴线平行

（2）工件的安装

1）根据定位和夹紧的定义，简述如何装夹工件。

定位：工件在机床上加工时，为保证加工精度及提高生产效率，必须使工件在机床上相对刀具占有正确的位置，这个过程称为定位。

夹紧：工件在定位的基础上，由于加工时工件受外力较大（主要是切削力），定位一般会被破坏，这时就需要对工件施加夹紧力，以防止工件移动，这个过程称为夹紧。

在铣床上装夹工件时，最常用的两种方法是用____________和____________装夹工件。对于小型工件，一般采用____________装夹；对于大、中型工件，多在铣床工作台上用压板、螺栓装夹。

2）简述在机用虎钳上装夹工件的要点。

3．零件的加工

（1）根据作用不同，定位基准可分为__________、__________、__________。

（2）精基准的选择原则

1）基准重合原则。选用设计基准作为精基准，以避免定位基准与设计基准不重合而引起的基准不重合误差。

2）基准统一原则。当零件上有许多表面需要进行多道工序加工时，尽可能在加工各工序时选用同一个基准，称为基准统一原则。

3）自为基准原则。选择加工表面本身作为定位基准称为自为基准原则。

4）互为基准原则。当对工件上两个相互位置精度要求较高的表面进行加工时，可使两加工面互为基准反复加工，称为互为基准原则。

5）便于装夹原则。所选精基准应保证工件安装可靠。

（3）六面体的铣削加工步骤

选择零件上较大的面或图样上的设计基准作为__________，这个基准面应首先加工，并用其作为加工其余各面的基准面。加工过程中，这个基准面应靠向机用虎钳的固定钳口或钳体导轨面，以保证其余各加工面对这个基准面的垂直度和平行度要求。

1）基准面的确定（图 2–15）

①加工基准面 1

将机用虎钳固定钳口与铣床工作台进给方向平行安装。以面 2 为粗基准，靠向固定钳口。钳口与毛坯间应垫铜皮。铣面 1，见光即可。

②铣面 2

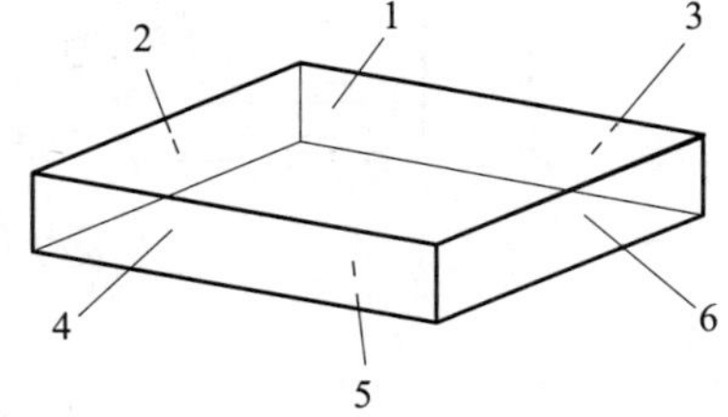

图 2–15　六面体加工基准面的确定

以面 1 为基准靠向固定钳口，再放置圆棒装夹工件。铣面 2，见光即可。保证面 2 垂直于面 1。

③铣面 6

以面 1 为基准靠向固定钳口安装，再放置圆棒装夹工件，应____________________，保证面 6 与基准面 1 的__________，同时保证面 6 和面 2 之间的尺寸和平行度要求。

④铣面 5

将面 1 靠向平行垫铁安装，面 2 靠向固定钳口装夹工件。应使面 1 与平行垫铁贴合，保证面 1 和面 5 之间的____________。

⑤铣面 3

将面 1 靠向固定钳口安装，用直角尺或百分表找正面 2 或面 6 与工作台垂直，面 3 的加工余量不能过大，见光即可，同时保证面 3 与面 1、2、5、6 的____________要求。

⑥铣面 4

将面 1 靠向固定钳口安装，使面 3 与平行垫铁贴合，保证面 4 和面 3 之间的尺寸和平行度。同时保证面 4 与基准面 1 的__________。

（4）斜面的铣削方法

铣斜面时，工件、机床和刀具之间的关系必须满足两个条件：一是____________________；二是________________________。即用铣刀的圆周刃铣削时，斜面与铣刀的外圆柱面相切；用铣刀的端面刃铣削时，斜面与铣刀的端面重合。

在铣床上铣斜面的方法有倾斜工件铣斜面、倾斜铣刀铣斜面和用角度铣刀铣斜面 3 种。

1）倾斜工件铣斜面

在卧式铣床或在立铣头不能转动角度的立式铣床上铣斜面时，可将工件倾斜所需角度后铣斜面。

①按划线装夹工件铣斜面时，如图 2–16 所示，先在工件上划出斜面的加工线，然后用机用虎钳装夹工件，用划线盘校正工件上所划加工线与工作台进给方向平行，铣出斜面。

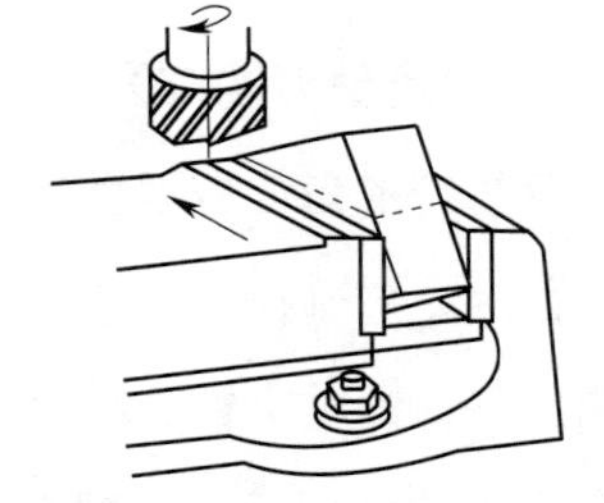
图 2–16　按划线装夹工件铣斜面

②调转机用虎钳钳体角度装夹工件铣斜面时，先校正固定钳口与铣床主轴轴线垂直或平行，再通过机用虎钳底座上的刻线将钳体调转到要求的角度，装夹工件，铣出要求的斜面，如图 2–17 所示。其中，图 2–17a 所示为先校正固定钳口与主轴轴线垂直，再将钳体调转 α，横向进给用立铣刀铣出斜面；图 2–17b 所示为先校正固定钳口与主轴轴线平行，再将钳体调转 α，纵向进给用________铣出斜面。

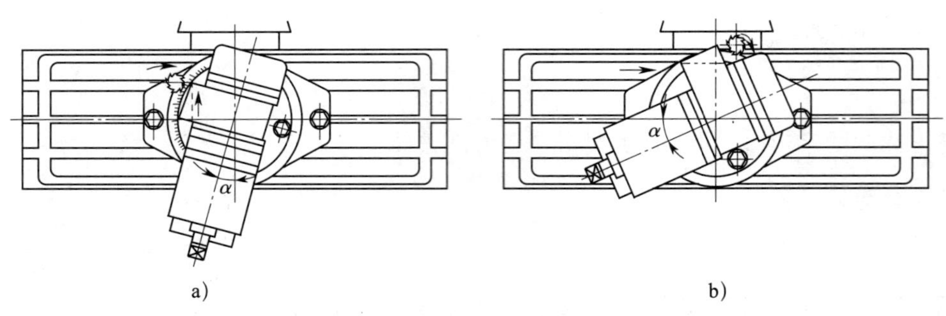

图 2–17　调整机用虎钳钳体角度装夹工件铣斜面

a）斜面与横向进给方向平行　b）斜面与纵向进给方向平行

③用倾斜垫铁装夹工件铣斜面时，如图 2–18 所示，使用倾斜垫铁使工件基准面倾斜，用机用虎钳装夹工件，铣出斜面。所用垫铁的倾斜程度应与斜面的倾斜程度相同，垫铁的宽度应小于工件宽度。用这种方法铣斜面时，装夹、校正工件方便，倾斜垫铁制造容易，且铣削一批工件时，铣削深度不需要随工件的更换而重新调整，适用于小批量生产。在____________，常使用专用夹具装夹工件铣斜面，以达到优质高产的目的。

2）倾斜铣刀铣斜面

铣刀倾斜一定角度后，在立铣头主轴可转动角度的立式铣床上安装立铣刀或面铣刀，装夹工件，可以铣出要求的斜面。用机用虎钳装夹工件时，常用的方法有以下两种。

①工件的基准面与工作台面平行。用立铣刀的圆周刃铣斜面时，立铣头应扳转的角度 $\alpha=90^\circ-\theta$。用面铣刀或用立铣刀的端面刃铣斜面时，立铣头应扳转的角度 $\alpha=\theta$。

②工件的基准面与工作台面垂直。用立铣刀的圆周刃铣斜面时，立铣头应扳转的角度 $\alpha=\theta$，如图 2–19 所示。用面铣刀或用立铣刀的端面刃铣斜面时，立铣头应扳转的角度 $\alpha=90^\circ-\theta$。

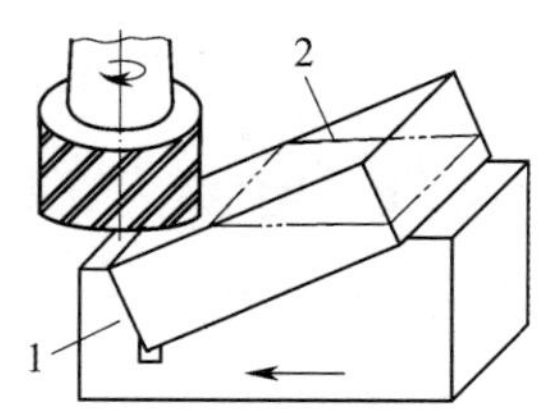

图 2–18　用倾斜垫铁装夹工件铣斜面

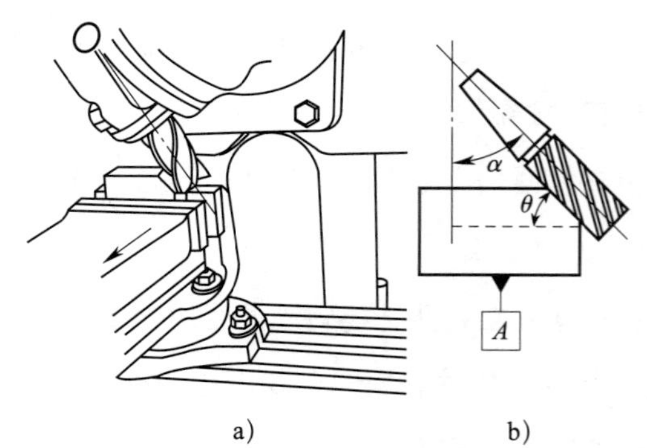

图 2–19　工件基准面与工作台面垂直

3）用角度铣刀铣斜面

角度铣刀的角度应根据工件斜面的角度来选择，所铣斜面的宽度应小于角度铣刀切削刃的宽度。铣对称的双斜面时，应选择两把直径和角度相同、切削刃相反的角度铣刀同时进行铣削，安装铣刀时应将两把铣刀的刃齿错开，以减小铣力和振动。由于角度铣刀的刀齿强度较低、排列较密，铣削时排屑较困难，因此，在使用角度铣刀铣斜面时，选择的铣用量应比圆柱铣刀小 20% 左右，尤其是每齿进给量 f_z 更要适当减小。铣碳素钢工件时，应加注充足的切削液。图 2–20 所示为用角度铣刀铣单斜面和双斜面。

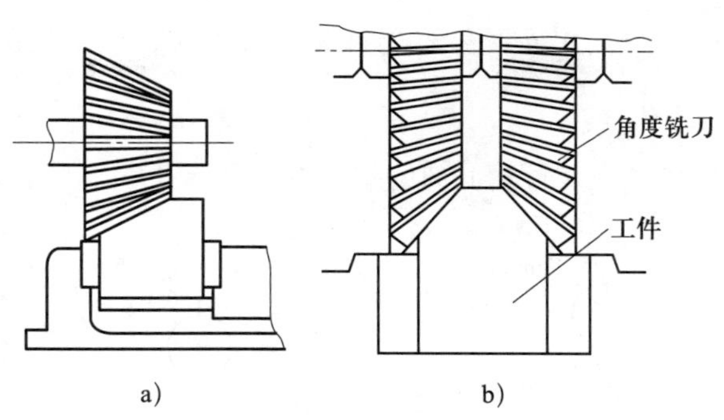

图 2–20　用角度铣刀铣斜面

a）铣单斜面　b）铣双斜面

4．清理现场，归置物品

良好的工作习惯是在工作过程中有意识地养成的，这一点对于一名具有良好职业素养的高技能人才而言尤其重要。在每天的学习和实训工作中，你是如何做好整理工作台、合理及整齐放置工具和量具、日常维护与保养设备等工作的?

二、导滑块的检测

1．如图 2–21 所示，简述用百分表检测平行度误差的方法。

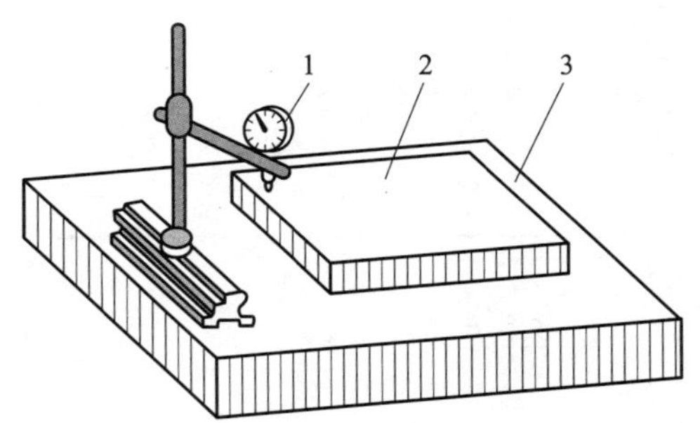

图 2–21　用百分表检测平行度误差

1—百分表　2—被测工件　3—平板

2．在检测平行度误差的过程中，如果百分表指针顺时针旋转，说明被测位置与基准位置相比其高度____________(增大 / 减小) 了。

3．根据图 2–22 所示百分表的读数，计算此面的平行度误差值。

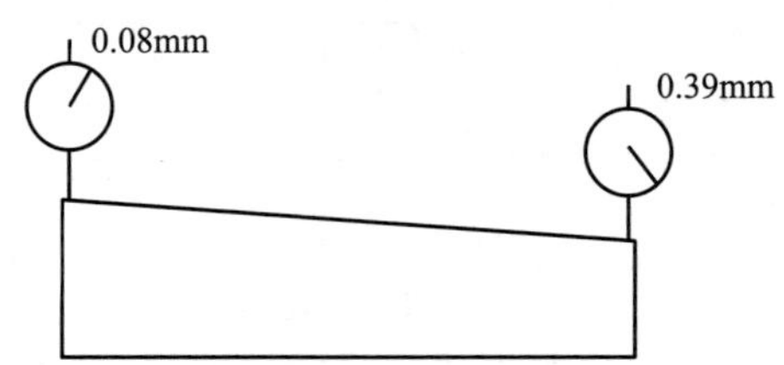

图 2–22　计算平行度误差值

4．查阅资料，简述垂直度误差的检测方法。

5．成品最终检测

检测所加工的导滑块是否合格，并完成表 2–7 的填写。

表 2–7　　导滑块质量评价表

工件编号		配分	项目与技术要求	评分标准	检测记录	得分
序号	名称					
1	主要尺寸（60 分）	20	68 mm	每超差 0.02 mm 扣 1 分		
2		20	25 mm	每超差 0.01 mm 扣 1 分		
3		20	12 mm	超差不得分		
4	次要尺寸（10 分）	5	// 0.05 A	超差不得分		
5		5	⊥ 0.05 A	超差不得分		
6	表面粗糙度（10 分）	5	$Ra \leqslant 1.6$ μm	降级不得分		
7		5	$Ra \leqslant 3.2$ μm	降级不得分		

续表

工件编号 / 序号	名称	配分	项目与技术要求	评分标准	检测记录	得分
8	主观评分（10分）	3.5	已加工零件倒角、倒圆、去毛刺是否符合图样要求			
9		3.5	已加工零件是否有划伤、碰伤和夹伤			
10		3	已加工零件与图样要求的一致性			
11	更换毛坯（10分）	10	是否更换毛坯	是 / 否		
12	职业素养	扣分	能正确穿戴工作服、工作鞋、安全帽等劳动防护用品。每违反一项扣2分			
13			能按机床使用规范正确进行开关机、对刀等基本操作。每误操作一次扣2分			
14			能规范使用及保养工具、量具和辅具。每违规操作一次扣2分			
15			能做好设备清洁、保养工作。不清洁、不保养扣3分；保养不彻底扣2分			
总配分			100	总得分		

学习活动 4　工作总结与评价

学习目标

1. 能自信地展示自己的作品，讲述自己作品的优势和特点。

2. 能与班组长、工具管理员等相关人员进行有效的沟通与合作，了解有效沟通和团队合作的重要性。

3. 能积极主动展示工作成果，对学习和工作过程中出现的问题进行反思和总结，优化加工方案和策略，具备知识迁移能力。

建议学时：4 学时。

学习过程

一、作品展示

以小组为单位派出代表介绍自己小组的优秀作品，通过作品展示，锻炼每一位小组成员的表达能力，同时提升自己的专业素养。

1. 选出组内评价较高的作品进行展示，并就作品的实用性、工艺性和产品质量等内容做必要介绍，听取并记录其他小组对本组作品的评价和改进建议。

（1）实用性：

（2）工艺性：

（3）产品质量

1）尺寸精度：

2）几何精度：

3）表面粗糙度：

2．所展示的作品中有哪些部位存在尺寸缺陷和表面质量缺陷？简要分析是什么原因导致的，并总结出避免质量缺陷的加工建议。

（1）质量缺陷

1）尺寸缺陷：

2）表面质量缺陷：

（2）简要分析造成质量缺陷的原因。

（3）在加工过程中应注意哪些事项?

二、总结导滑块加工的心得体会

1．本任务包括哪些铣削应用的相关知识?

2．本任务在绘图方面的能力要求有哪些?

3．按照本任务加工工艺卡给定的加工顺序进行加工，对保障产品精度和质量有哪些意义？若变更加工顺序会产生怎样的影响?

4．简述生产企业在每次执行新的加工任务前，制定详细的工艺方案和工作计划的理由。

三、加工成本估算

1．总结加工工序、工时，进行简单的成本估算，并完成表 2–8 的填写。

表 2–8　　成本估算表

序号	加工内容	预计工时	成本测算项目			成本估算值
			设备	能源	辅料	
1						
2						
3						
4						
5						
6						
7						
8						
9						
10						

2．在估算导滑块的生产成本时，是否需要考虑人工费、管理费和税费？如果要计算人工费、管理费和税费，导滑块的成本应如何估算？请重新估算后把追加的成本因素写下来。

四、评价与分析

对本次学习任务进行评价与分析，并完成表 2-9 的填写。

表 2-9 学习任务评价表

班级		姓名		学号		日期	年 月 日	
评分标准								
序号	评价内容		评分细则			配分	得分	总评
1	能绘制导滑块零件图（15 分）		各零件表达完整，少一个扣 0.5 分			5		A□（100 ~ 86 分） B□（85 ~ 76 分） C□（75 ~ 60 分） D□（60 分以下）
			尺寸标注完整，少一个扣 0.5 分			4		
			技术要求不少于两点，少一个扣 1 分			3		
			标题栏内容完整，少一个扣 0.5 分			3		
2	能正确叙述导滑块工作原理（10 分）		工作原理叙述完整（得 10 分）			10		
			工作原理叙述较完整（得 6 分）					
			工作原理叙述不完整（得 2 分）					
3	能按各工序内容绘制工序简图（10 分）		铣基准面工序简图			3		
			铣六面体工序简图			4		
			铣倒角工序简图			3		
4	能正确操作铣床（20 分）		正确操作各手柄			8		
			正确操作主轴箱			6		
			正确操作进给箱			6		
5	能正确安装和校正机用虎钳并装夹工件（15 分）		正确安装机用虎钳			5		
			正确校正机用虎钳			5		
			正确装夹工件			5		
6	能在铣床上完成基准面、六面体和倒角的加工（20 分）		完成基准面的加工			6		
			完成六面体的加工			8		
			完成倒角的加工			6		
7	能简述零件质量的检测方法（6 分）		简述零件尺寸的检测方法			2		
			简述垂直度和平行度误差的检测方法			2		
			简述表面粗糙度的检测方法			2		
8	能积极参加小组讨论，具有团队合作意识（小组长对成员打分）（4 分）		参与积极性、合作意识好（得 4 分）			4		
			参与积极性、合作意识较好（得 3 分）					
			参与积极性、合作意识一般（得 1 分）					
小结建议			总得分					

学习任务三　限位块的加工

学习目标

1. 能叙述车间和工作区的范围与限制，理解企业对环境、安全、卫生和事故的预防标准。

2. 能检查工作区、设备、工具、材料、状况和功能。

3. 能按照车间安全防护规定，正确穿戴劳动防护用品，严格执行安全操作规程。

4. 能根据加工任务书确定小组成员，通过讨论明确工作任务和要求，共同制订合理的工作计划。

5. 能借助技术手册，查阅任务中毛坯材料及刀具材料的牌号、几何公差和切削用量等知识，理解技术手册在生产中的重要性。

6. 能根据加工任务书、零件图中的加工要求，通过查阅铣工工艺学，分析并制定零件的加工工艺，完成加工工艺卡的填写，并理解产品加工工艺在生产中的重要性。

7. 能正确计算切削用量三要素。

8. 能在铣床上完成铣削加工，能在钻床上完成钻孔加工步骤。

9. 能依据加工工艺卡，按技术要求完成零件的加工。

10. 能规范、熟练地使用游标卡尺、千分尺、刀口形直角尺、塞规等通用量具对限位块进行检测，判断加工质量，分析产生误差的原因，优化加工方案和策略。

11. 能在作业过程中严格执行企业操作规范、安全生产制度、环保管理制度和“7S”管理规定，严格遵守从业人员的职业道德，树立吃苦耐劳、爱岗敬业的工作态度以及精益求精的质量管控意识和职业责任感。

12. 能按车间现场“7S”管理规定和产品工艺流程的要求，整理现场，正确放置工具、产品，对机床、工具进行维护与保养，并规范填写保养记录表。

13. 能与班组长、工具管理员等相关人员进行有效的沟通与合作，了解有效沟通和团队合作的重要性。

14. 能积极主动展示工作成果，对学习和工作过程中出现的问题进行反思和总结，优化加工方案和策略，具备知识迁移能力。

建议学时

62 学时。

学习任务描述

某校接到一项生产任务，要求以较低的生产成本协助制作某套注塑模具的侧向分型抽芯机构，工期为 10 天，经检验合格后交付客户使用。车间立即将任务分配给各生产小组，本组负责生产侧向分型抽芯机构的限位块。

学习工作流程

学习活动 1　接受工作任务，明确工作要求（22 学时）

学习活动 2　阅读加工工艺卡，明确加工步骤和方法（12 学时）

学习活动 3　限位块的加工及检验（24 学时）

学习活动 4　工作总结与评价（4 学时）

学习活动 1　接受工作任务，明确工作要求

学习目标

1. 能借助技术手册，查阅加工限位块所用材料的牌号、用途、性能和分类属性。

2. 能正确识读限位块零件图，明确限位块的形状、尺寸、表面粗糙度、几何公差和材料等信息，并能指出各信息的含义。

建议学时：22 学时。

学习过程

一、阅读生产任务单，明确工作任务

按照规定从生产主管处领取生产任务单（表 3–1），完成生产任务单的填写并签字确认。

表 3–1　　限位块生产任务单

单　　号：____________　　开单时间：____年____月____日
开单部门：____________　　开 单 人：____________
接 单 人：____部____组____　　签　　名：____________

以下由开单人填写				
产品名称	材料	数量	技术标准、质量要求	
限位块	45 钢	6	按图样要求	
任务细则	1. 到仓库领取相应的材料 2. 根据现场情况选用合适的工具、量具和设备 3. 根据加工工艺进行加工，交付检验 4. 填写生产任务单，清理工作场地，对工具、量具和设备进行维护与保养			
任务类型	铣削加工		完成工时	62 h

续表

产品名称	材料	数量	技术标准、质量要求
领取材料			仓库管理员（签名） 年　月　日
领取工具、量具			
完成质量 （小组评价）			班组长（签名） 年　月　日
用户意见 （教师评价）			用户（签名） 年　月　日
改进措施 （反馈改良）			

注：生产任务单与零件图、加工工艺卡一起领取。

二、零件图样分析

图 3-1 所示为限位块零件图。

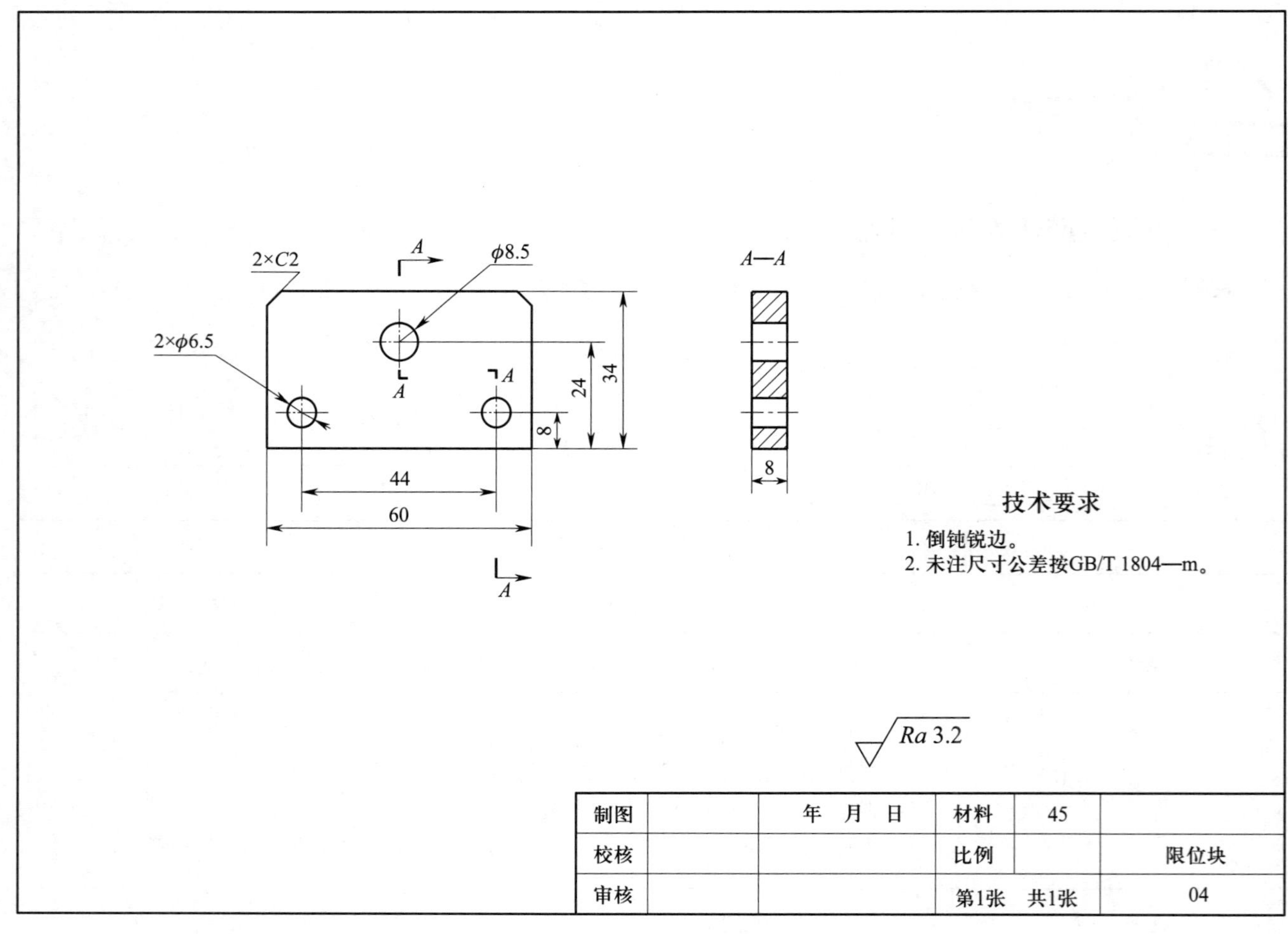

图 3-1　限位块零件图

1．剖视图的种类有哪些？剖切面的种类有哪些？图 3–1 中 *A*—*A* 属于哪一类剖切面？为什么要这样剖切？

2．图 3–1 中尺寸 44 mm 的上极限尺寸和下极限尺寸分别为多少？这样标注尺寸的意义是什么？

3．图 3–1 中尺寸 44 mm 的公称尺寸是多少？上极限偏差和下极限偏差各是多少？

4．图 3–1 中尺寸 44 mm 的公差是多少？

5．图 3–1 中标注的尺寸“*C*2”表示什么含义？

6．将限位块的主要加工尺寸和几何公差要求填写在表 3–2 中。

表 3–2　　限位块主要加工尺寸和几何公差要求

序号	主要加工尺寸	几何公差等级或偏差范围
1	60 mm	59.95 ~ 60.05 mm
2	34 mm	
3	44 mm	
4	24 mm	
5	8 mm（厚度）	
6	ϕ8.5 mm	
7	ϕ6.5 mm（2 处）	
8		
9		
10		
11		
12		

三、绘制零件图

按照国家标准，在下方图框内正确绘制限位块零件图（可附图纸粘贴于此）。

学习活动 2　阅读加工工艺卡，明确加工步骤和方法

学习目标

1. 能正确识读加工工艺卡，明确加工步骤和方法。
2. 能根据加工工艺制定加工工序。
3. 能正确计算切削用量三要素。

建议学时：12 学时。

学习过程

一、阅读加工工艺卡

阅读限位块加工工艺卡（表 3–3），明确限位块加工步骤和方法。

表 3–3　　限位块加工工艺卡

<table>
<tr><td colspan="3" rowspan="2">（单位名称）</td><td rowspan="2">加工工艺卡</td><td>产品名称</td><td colspan="2">限位块</td><td colspan="2">图号</td><td colspan="2"></td></tr>
<tr><td>零件名称</td><td colspan="2"></td><td colspan="2">数量</td><td>6</td><td>第　页</td></tr>
<tr><td colspan="2">材料种类</td><td>45 钢</td><td>材料成分</td><td></td><td colspan="2">毛坯尺寸</td><td colspan="3">65 mm × 35 mm × 10 mm</td><td>共　页</td></tr>
<tr><td rowspan="2">工序</td><td rowspan="2">工步</td><td rowspan="2">工序名称</td><td colspan="2" rowspan="2">工序内容</td><td rowspan="2">车间</td><td rowspan="2">设备</td><td colspan="2">工具</td><td rowspan="2">计划工时</td><td rowspan="2">实际工时</td></tr>
<tr><td>量具、刃具</td><td>辅具</td></tr>
<tr><td>1</td><td></td><td>铣六面体</td><td colspan="2">选定基准面，依次加工基准面、基准面的对面至图样精度要求，然后加工任意相邻面与基准面垂直，最后加工外形尺寸，使尺寸精度、几何精度符合图样要求（注意公称尺寸应尽量保持最大）</td><td>铣工车间</td><td>铣床</td><td>ϕ 10 mm 硬质合金立铣刀、游标卡尺、刀口形直角尺</td><td>机用虎钳</td><td></td><td></td></tr>
<tr><td>2</td><td></td><td>铣倒角</td><td colspan="2">旋转立铣头铣倒角</td><td>铣工车间</td><td>铣床</td><td>ϕ 10 mm 硬质合金立铣刀</td><td>机用虎钳</td><td></td><td></td></tr>
<tr><td>3</td><td></td><td>划线并钻孔</td><td colspan="2">按图样要求划出孔加工线，用样冲打中心孔，并钻孔</td><td>钳工车间</td><td>台式钻床</td><td>划针、样冲、ϕ 8.5 mm 钻头、ϕ 6.5 mm 钻头</td><td>台虎钳、划线方箱</td><td></td><td></td></tr>
</table>

续表

工序	工步	工序名称	工序内容	车间	设备	工具		计划工时	实际工时
						量具、刃具	辅具		
4		去毛刺并倒钝锐边	用刮刀去毛刺并倒钝锐边	钳工车间		刮刀			
更改号				拟定		校正	审核	批准	
更改者									
日期									

1．加工步骤的分析与确定

对照加工工艺卡，明确加工步骤，在表 3–4 中绘制加工工艺卡中各工序内容对应的工序简图。

表 3–4　各工序对应工序简图

序号	工序	工序简图
1	铣六面体	
2	铣倒角	
3	划线并钻孔	

2．刃具的准备

（1）铣刀的分类

1）按几何形状分类（图 3–2）

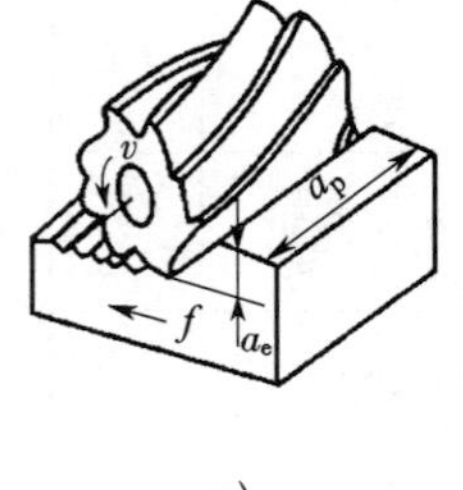
a)

b)

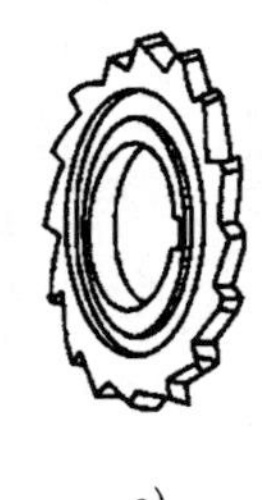
c)

d)

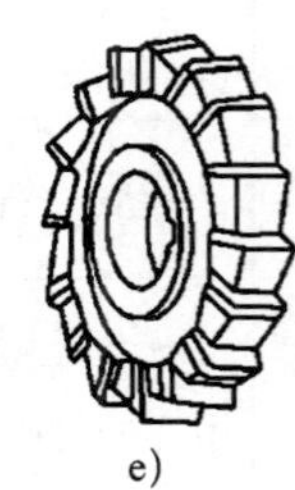
e)

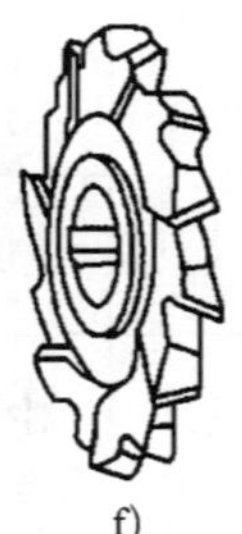
f)

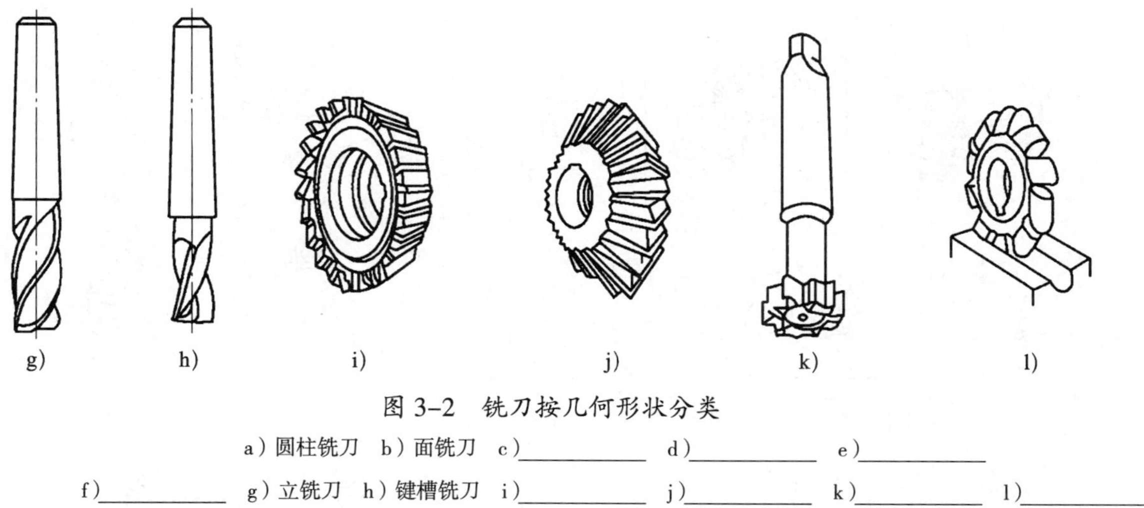

图 3–2　铣刀按几何形状分类

a）圆柱铣刀　b）面铣刀　c）__________　d）__________　e）__________

f）__________　g）立铣刀　h）键槽铣刀　i）__________　j）__________　k）__________　l）__________

2）按铣削部分的材料分类（图 3–3）

图 3–3　铣刀按铣削部分的材料分类

a）__________________　b）__________________

3）按刀齿结构分类（图 3–4）

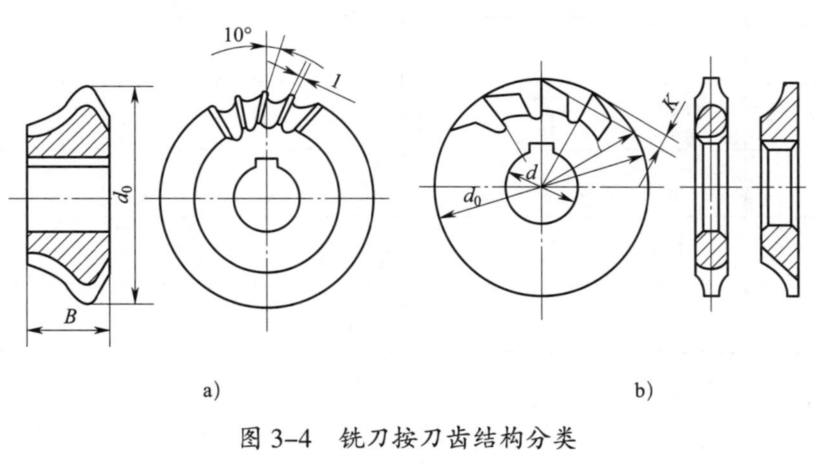

图 3–4　铣刀按刀齿结构分类

a）__________________　b）__________________

（2）图 3–5 所示为各种铣刀类型及其加工表面的形状特征，完成表 3–5 的填写。

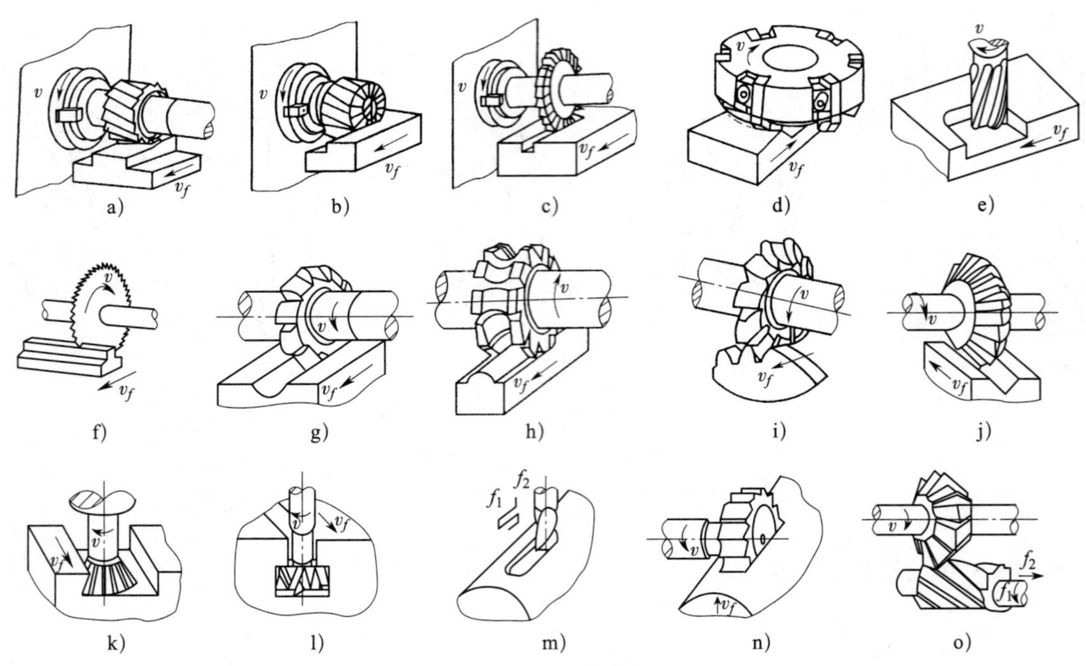

图 3–5　铣刀类型及其加工表面的形状特征

表 3–5　铣刀类型及其加工表面的形状特征

序号	名称	加工表面的形状特征	序号	名称	加工表面的形状特征
a）	圆柱铣刀	平面	i）		
b）			j）		
c）			k）		
d）			l）		
e）			m）		
f）			n）		
g）			o）		
h）					

二、切削用量

1．选择切削用量

切削用量是在调整机床前必须确定的重要参数，其数值合理与否对加工质量、生产效率、生产成本等有着非常重要的影响。合理的切削用量是指充分利用刀具切削性能和机床动力性能（功率、转矩），在保证加工质量的前提下，以获得高的________和低的__________。

（1）影响切削用量的因素

1）切削加工生产效率

在切削加工中，金属切除率与切削用量三要素 a_p、f、v 均保持线性关系，即其中任一参数增大一倍，都可使生产效率提高一倍。然而由于__________的制约，当任一参数增大时，其余两参数必须减小。因此，在选择切削用量时，切削用量三要素要进行最佳组合，此时的生产效率才是合理的。

2）刀具寿命

切削用量三要素对刀具寿命的影响由大到小的顺序为 v、f、a_p。因此，从保证合理的刀具寿命出发，在确定切削用量时，首先应采用尽可能大的____________；然后再选用大的__________；最后求出____________。

3）表面粗糙度

精加工时，增大进给量将增大________。因此，________是精加工时影响生产效率提高的主要因素。

（2）刀具寿命的选择原则

切削用量与刀具寿命有密切关系。在选择切削用量时，应首先根据优化的目标选择合理的刀具寿命。

刀具寿命一般分为最高生产效率刀具寿命和最低成本刀具寿命两种，前者根据单件工时最少的目标确定，后者根据工序成本最低的目标确定。

选择刀具寿命时可考虑以下几点。

1）根据刀具复杂程度、制造成本和磨刀成本来选择。刀具复杂和精度高时，刀具寿命应选得比单刃刀具高些。

2）对于机夹可转位刀具，由于____________，为了充分发挥其切削性能，提高生产效率，延长刀具寿命，线速度可选得低些，一般取 15 ～ 30 m/min。

3）对于装刀、换刀和调刀比较复杂的多刀机床、组合机床，刀具寿命应选得较长，尤其应保证刀具的可靠性。

4）大型工件精加工时，为保证至少完成一次走刀，避免切削中途换刀，刀具寿命应按零件的精度和______________来确定。

（3）选择切削用量的步骤

先选择背吃刀量；再选择____________；最后确定____________；校验机床功率。

（4）提高切削用量的途径

采用切削性能好的新型刀具材料；在保证工件力学性能的前提下，改善工件材料的加工性；改善冷却、润滑条件；改进刀具结构，提高刀具制造质量。

（5）铣削速度

铣削速度为切削刃上离铣刀轴线距离最大的点在 1 min 内所经过的路程，计算公式为：

$$v_c=\frac{\pi dn}{1\,000}$$

式中　v_c——铣削速度，m/min。

d——铣刀主轴直径，mm。

n——转速，r/min。

还可以根据铣削工件的材料和铣刀材料等确定铣削速度，然后通过公式计算出铣削时的转速：

$$n=\frac{1\,000v_c}{\pi d}$$

（6）进给量

进给量为铣刀在进给方向上相对于工件的单位位移量，有以下 3 种表述方法。

1）每转进给量 f：铣刀每回转一周在进给方向上相对于工件的移动量，单位为 mm/r。

2）每齿进给量 a_f：铣刀每转过一个刀齿时，刀具相对于工件的移动量，单位为 mm/ 齿。

3）每分钟进给量 v_f：铣刀相对于工件的移动速度，单位为 mm/min。每分钟进给量是铣床常用的铣削速度表示方法。

2．根据铣削加工基础知识，选择加工限位块的切削用量，并填入表 3–6 中。

表 3–6　加工限位块的刀具及切削用量

工序	工序内容	刀具	主轴转速 /（r/min）	进给量 /（mm/min）	铣削深度 /mm	铣削宽度 /mm
1	铣六面体	ϕ10 mm 硬质合金立铣刀				
2	铣倒角	ϕ10 mm 硬质合金立铣刀				
3	钻孔	ϕ8.5 mm 钻头				
		ϕ6.5 mm 钻头				

学习活动 3　限位块的加工及检验

学习目标

1. 能在机用虎钳上正确装夹工件并进行校正。
2. 能正确铣削六面体并保证其尺寸。
3. 能在钻床上完成钻孔加工。

建议学时：24 学时。

学习过程

一、限位块的加工

1．领料

按照填写好的生产任务单（或领料单），分小组从指导教师处领取毛坯和相应的辅具，并检查是否能用和够用。

2．加工前准备

（1）钻头的分类

1）按柄部形状分类（图 3–6）

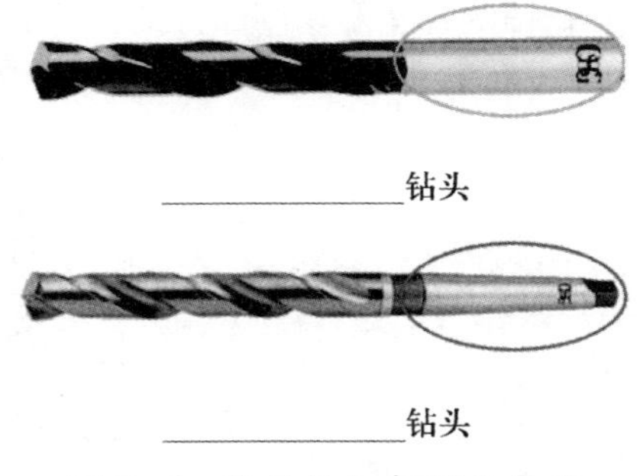

________钻头

________钻头

图 3–6　钻头按柄部形状分类

2）按工作部分的材料分类（图 3–7）

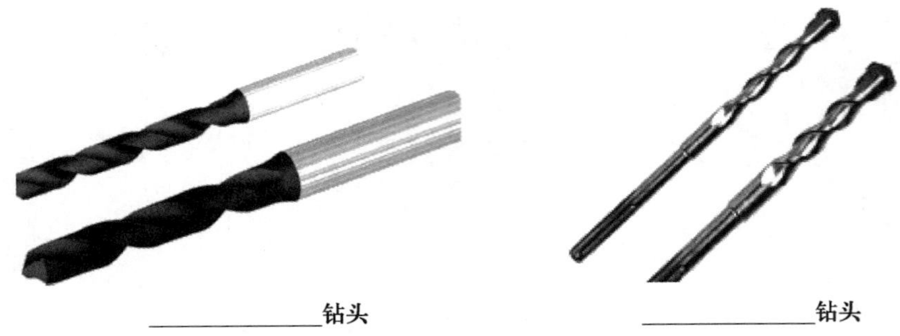

图 3–7 钻头按工作部分的材料分类

3）按形状分类（图 3–8）

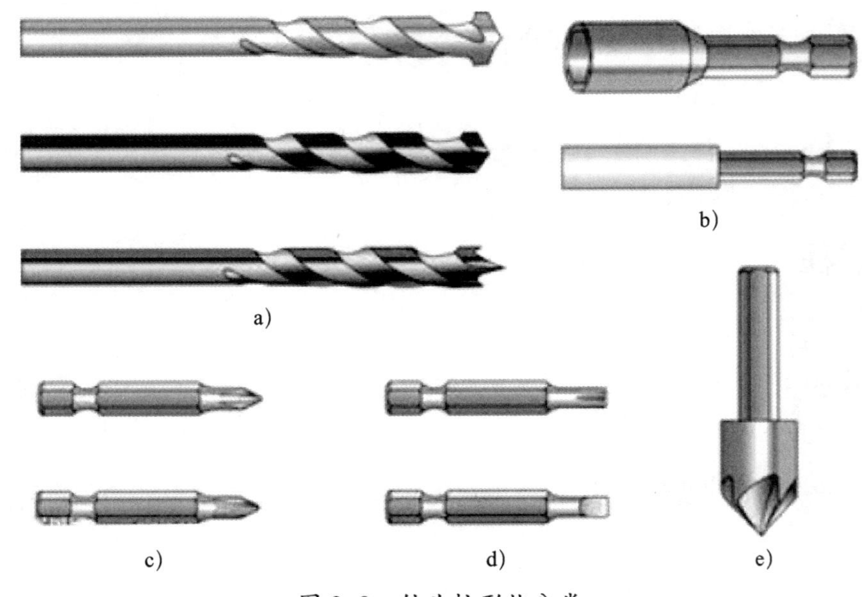

图 3–8 钻头按形状分类

写出图 3–8 所示各钻头的名称。

a）__________；b）__________；c）__________；d）__________；e）__________。

（2）结合图 3–9 和图 3–10，简述麻花钻的结构及切削部分的作用。

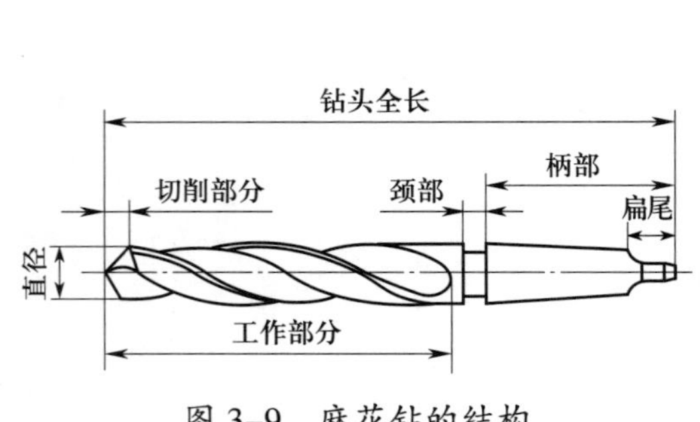

图 3–9 麻花钻的结构

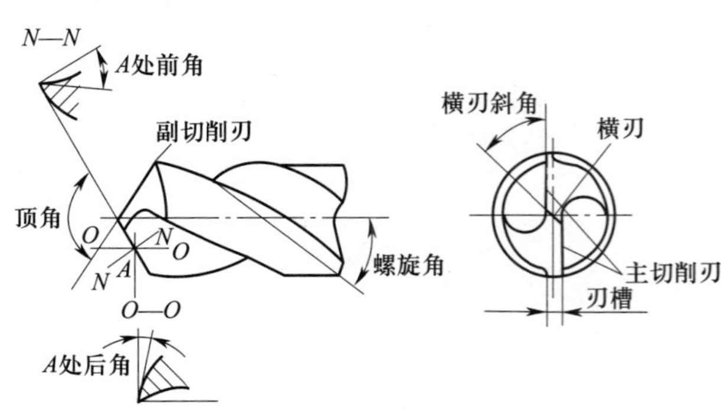

图 3–10 麻花钻切削部分

（3）结合图 3–11，简述麻花钻的刃磨过程及注意事项。

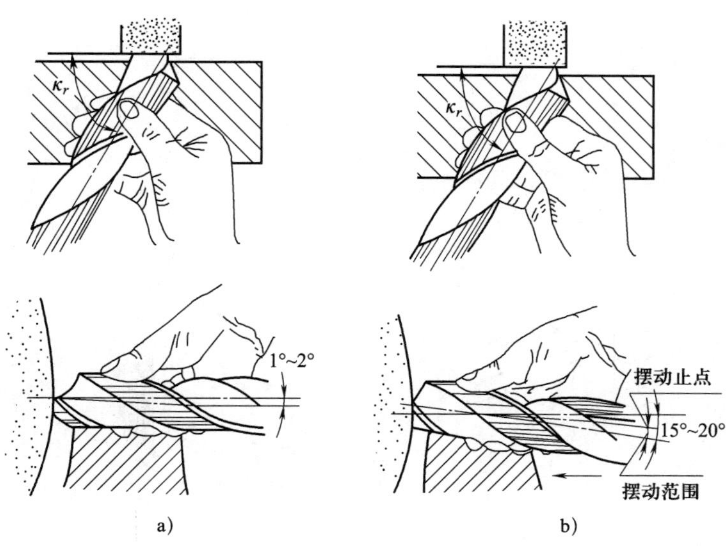

图 3–11　麻花钻的刃磨

（4）结合图 3–12，简述扩孔钻和麻花钻的区别。若使用麻花钻制作扩孔钻，需要如何加工？

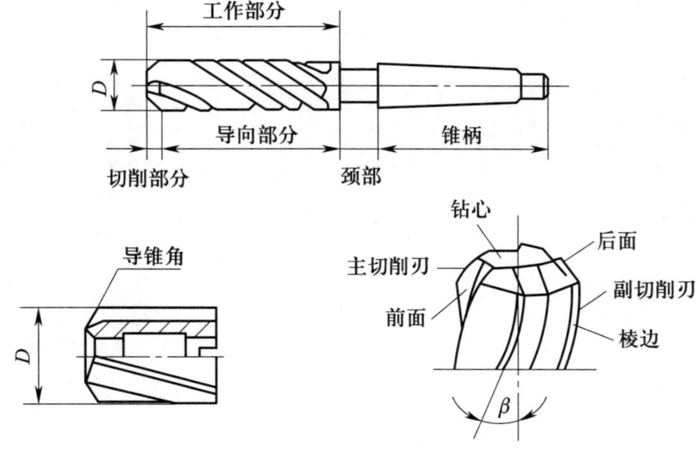

图 3–12　扩孔钻及其切削部分的结构

（5）简述图 3–13 所示钻夹头的作用及结构 1 和结构 2 的名称。

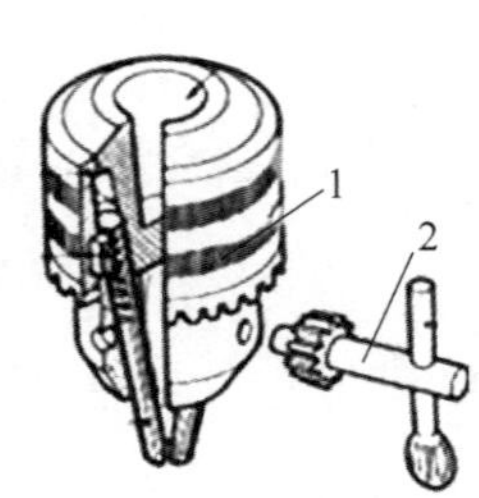

图 3–13　钻夹头

（6）结合图 3–14 所示零件装夹实例，回答下列问题。

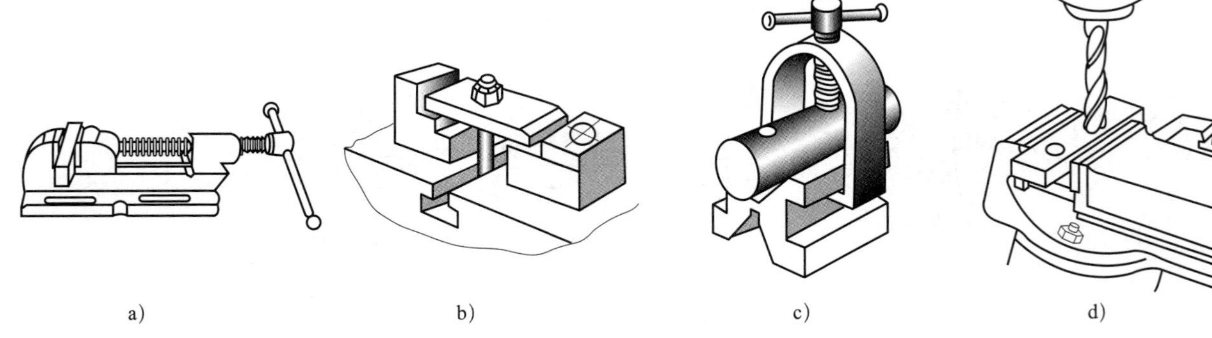

图 3–14　零件装夹实例

加工过程中用来固定加工对象，使之占有正确的位置，以接受施工或检测的装置称为＿＿＿＿＿＿＿＿。

图 3–14a 所示为＿＿＿＿＿＿＿＿工件，用＿＿＿＿＿＿＿＿装夹。

图 3–14b 所示为＿＿＿＿＿＿＿＿工件，用＿＿＿＿＿＿＿＿装夹。

图 3–14c 所示为＿＿＿＿＿＿＿＿工件，用＿＿＿＿＿＿＿＿装夹。

图 3–14d 所示为＿＿＿＿＿＿＿＿工件，用＿＿＿＿＿＿＿＿装夹。

（7）结合图 3–15 所示钻床操作过程，简述如何准确起钻。

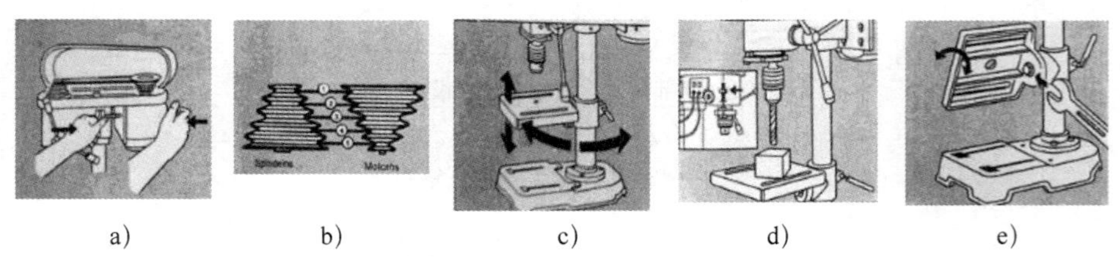

图 3–15　钻床操作过程

a）张紧传动带　b）调整转速　c）调整工作台　d）深度限位　e）钻孔

（8）简述图 3–16 所示字母代表的含义及三者之间的关系，已知工件材料为 45 钢，钻头直径为 10 mm，转速 n 为 150 r/min，计算其切削速度。

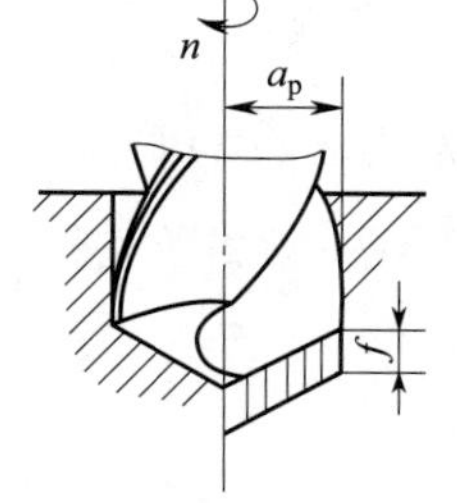

图 3–16　切削用量

（9）图 3–17 所示为钻削工作过程，简述什么是钻削力。

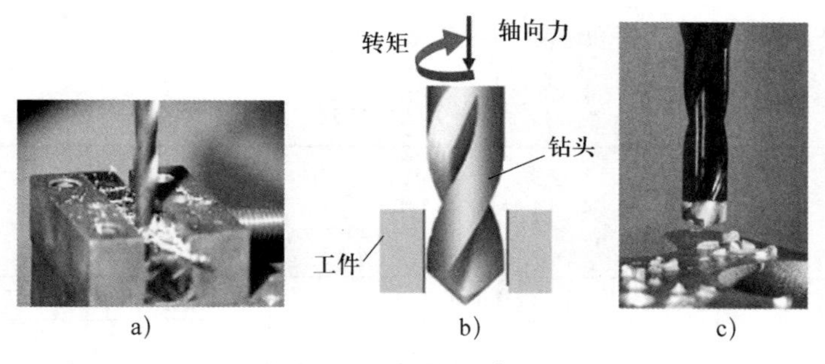

图 3–17　钻削工作过程

（10）简述直孔加工的工艺步骤。

（11）在机械生产中，切削液具有 3 个作用，一是迅速带走加工热量；二是润滑切削部分，减少切削部分的磨损；三是在切削部分形成液体膜，使切屑不会在切削刃处形成积屑瘤，保持排屑顺畅，同时还可以改善加工零件的表面质量等。在不同的情况下，切削液还起到减摩、冷却、清洗、密封和防锈作用等。

简述在切削液作用下，孔加工过程如何排屑。

3．清理现场，归置物品

良好的工作习惯是在工作过程中有意识地养成的，这一点对于一名具有良好职业素养的高技能人才而言尤其重要。在每天的学习和实训工作中，你是如何做好整理工作台、合理及整齐放置工具和量具、日常维护与保养设备等工作的?

二、限位块的检测

检测所加工的限位块是否合格，并完成表 3–7 的填写。

表 3–7　　限位块质量评价表

工件编号		配分	项目与技术要求	评分标准	检测记录	得分
序号	名称					
1	主要尺寸（50 分）	10	60 mm	每超差 0.01 mm 扣 1 分		
2		10	34 mm	每超差 0.02 mm 扣 1 分		
3		15	24 mm	每超差 0.01 mm 扣 1 分		
4		15	44 mm	每超差 0.02 mm 扣 1 分		
5	次要尺寸（20 分）	5	8 mm（厚度）	超差不得分		
6		5	ϕ 8.5 mm	超差不得分		
7		5	ϕ 6.5 mm（2 处）	超差不得分		
8		5	*C*2 mm（2 处）	超差不得分		
9	表面粗糙度（10 分）	10	$Ra \leqslant 3.2$ μm	降级不得分		
10	主观评分（10 分）	3.5	已加工零件倒角、倒圆、去毛刺是否符合图样要求			
11		3.5	已加工零件是否有划伤、碰伤和夹伤			
12		3	已加工零件与图样要求的一致性			
13	更换毛坯（10 分）	10	是否更换毛坯	是 / 否		
14	职业素养	扣分	能正确穿戴工作服、工作鞋、安全帽等劳动防护用品。每违反一项扣 2 分			
15			能按机床使用规范正确进行开关机、对刀等基本操作。每误操作一次扣 2 分			
16			能规范使用及保养工具、量具和辅具。每违规操作一次扣 2 分			
17			能做好设备清洁、保养工作。不清洁、不保养扣 3 分；保养不彻底扣 2 分			
总配分		100		总得分		

学习活动 4　工作总结与评价

学习目标

1. 能自信地展示自己的作品，讲述自己作品的优势和特点。

2. 能与班组长、工具管理员等相关人员进行有效的沟通与合作，了解有效沟通和团队合作的重要性。

3. 能积极主动展示工作成果，对学习和工作过程中出现的问题进行反思和总结，优化加工方案和策略，具备知识迁移能力。

建议学时：4 学时。

学习过程

一、作品展示

以小组为单位派出代表介绍自己小组的优秀作品，通过作品展示，锻炼每一位小组成员的表达能力，同时提升自己的专业素养。

1．选出组内评价较高的作品进行展示，并就作品的实用性、工艺性和产品质量等内容做必要介绍，听取并记录其他小组对本组作品的评价和改进建议。

（1）实用性：

（2）工艺性：

（3）产品质量

1）尺寸精度：

2）几何精度：

3）表面粗糙度：

2．所展示的作品中有哪些部位存在尺寸缺陷和表面质量缺陷？简要分析是什么原因导致的，并总结出避免质量缺陷的加工建议。

（1）质量缺陷

1）尺寸缺陷：

2）表面质量缺陷：

（2）简要分析造成质量缺陷的原因。

（3）在加工过程中应注意哪些事项?

二、总结限位块加工的心得体会

1．本任务包括哪些铣削应用的相关知识?

2．本任务在绘图方面的能力要求有哪些?

3．按照本任务加工工艺卡中给定的加工顺序进行加工，对保障产品精度和质量有哪些意义？若变更加工顺序会产生怎样的影响?

4．简述生产企业在每次执行新的加工任务前，制定详细的工艺方案和工作计划的理由。

三、加工成本估算

1．总结加工工序、工时，进行简单的成本估算，并完成表 3-8 的填写。

表 3-8 成本估算表

序号	加工内容	预计工时	成本测算项目			成本估算值
			设备	能源	辅料	
1						
2						
3						
4						
5						
6						
7						
8						
9						
10						

2．在估算限位块的生产成本时，是否需要考虑人工费、管理费和税费？如果要计算人工费、管理费和税费，限位块的成本应如何估算？请重新估算后把追加的成本因素写下来。

四、评价与分析

对本次学习任务进行评价与分析，并完成表 3–9 的填写。

表 3–9　　学习任务评价表

<table>
<tr><td>班级</td><td></td><td>姓名</td><td></td><td>学号</td><td></td><td>日期</td><td>年　月　日</td></tr>
<tr><td colspan="8">评分标准</td></tr>
<tr><td>序号</td><td colspan="2">评价内容</td><td colspan="2">评分细则</td><td>配分</td><td>得分</td><td>总评</td></tr>
<tr><td rowspan="4">1</td><td colspan="2" rowspan="4">能绘制限位块零件图（15 分）</td><td colspan="2">各零件表达完整，少一个扣 0.5 分</td><td>6</td><td></td><td rowspan="25">A□
（100 ~ 86 分）
B□
（85 ~ 76 分）
C□
（75 ~ 60 分）
D□
（60 分以下）</td></tr>
<tr><td colspan="2">尺寸标注完整，少一个扣 0.5 分</td><td>3</td><td></td></tr>
<tr><td colspan="2">技术要求不少于两点，少一个扣 1 分</td><td>3</td><td></td></tr>
<tr><td colspan="2">标题栏内容完整，少一个扣 0.5 分</td><td>3</td><td></td></tr>
<tr><td rowspan="3">2</td><td colspan="2" rowspan="3">能正确叙述限位块工作原理（10 分）</td><td colspan="2">工作原理叙述完整（得 10 分）</td><td rowspan="3">10</td><td rowspan="3"></td></tr>
<tr><td colspan="2">工作原理叙述较完整（得 6 分）</td></tr>
<tr><td colspan="2">工作原理叙述不完整（得 2 分）</td></tr>
<tr><td rowspan="3">3</td><td colspan="2" rowspan="3">能按各工序内容绘制工序简图（10 分）</td><td colspan="2">铣六面体工序简图</td><td>4</td><td></td></tr>
<tr><td colspan="2">铣倒角工序简图</td><td>3</td><td></td></tr>
<tr><td colspan="2">钻孔工序简图</td><td>3</td><td></td></tr>
<tr><td rowspan="2">4</td><td colspan="2" rowspan="2">能正确区分并选择铣刀（10 分）</td><td colspan="2">正确区分铣刀</td><td>5</td><td></td></tr>
<tr><td colspan="2">正确选择铣刀</td><td>5</td><td></td></tr>
<tr><td rowspan="4">5</td><td colspan="2" rowspan="4">能正确计算切削用量（25 分）</td><td colspan="2">正确计算主轴转速</td><td>10</td><td></td></tr>
<tr><td colspan="2">正确计算进给速度</td><td>5</td><td></td></tr>
<tr><td colspan="2">正确选择铣削深度</td><td>5</td><td></td></tr>
<tr><td colspan="2">正确选择铣削宽度</td><td>5</td><td></td></tr>
<tr><td rowspan="3">6</td><td colspan="2" rowspan="3">能在铣床上完成六面体、倒角的加工，能在台式钻床上钻孔（20 分）</td><td colspan="2">完成六面体的加工</td><td>8</td><td></td></tr>
<tr><td colspan="2">完成倒角的加工</td><td>6</td><td></td></tr>
<tr><td colspan="2">完成钻孔的加工</td><td>6</td><td></td></tr>
<tr><td rowspan="3">7</td><td colspan="2" rowspan="3">能简述零件质量的检测方法（6 分）</td><td colspan="2">简述零件尺寸的检测方法</td><td>2</td><td></td></tr>
<tr><td colspan="2">简述垂直度和平行度误差的检测方法</td><td>2</td><td></td></tr>
<tr><td colspan="2">简述表面粗糙度的检测方法</td><td>2</td><td></td></tr>
<tr><td rowspan="3">8</td><td colspan="2" rowspan="3">能积极参加小组讨论，具有团队合作意识（小组长对成员打分）（4 分）</td><td colspan="2">参与积极性、合作意识好（得 4 分）</td><td rowspan="3">4</td><td rowspan="3"></td></tr>
<tr><td colspan="2">参与积极性、合作意识较好（得 3 分）</td></tr>
<tr><td colspan="2">参与积极性、合作意识一般（得 1 分）</td></tr>
<tr><td>小结建议</td><td colspan="2"></td><td colspan="2">总得分</td><td colspan="3"></td></tr>
</table>

学习任务四　型腔拼块的加工

学习目标

1. 能叙述车间和工作区的范围与限制，理解企业对环境、安全、卫生和事故的预防标准。

2. 能检查工作区、设备、工具、材料的状况和功能。

3. 能按照车间安全防护规定，正确穿戴劳动防护用品，严格执行安全操作规程。

4. 能根据加工任务书确定小组成员，通过讨论明确工作任务和要求，共同制订合理的工作计划。

5. 能借助技术手册，查阅任务中毛坯材料及刀具材料的牌号、几何公差和切削用量等知识，理解技术手册在生产中的重要性。

6. 能根据加工任务书、零件图中的加工要求，通过查阅铣工工艺学，分析并制定零件的加工工艺，完成加工工艺卡的填写，并理解产品加工工艺在生产中的重要性。

7. 能正确选择型腔拼块的铣削用量。

8. 能正确用铣床进行对刀操作。

9. 能正确使用倒角刀。

10. 能依据加工工艺卡，按技术要求完成零件的加工。

11. 能规范、熟练地使用游标卡尺、千分尺、刀口形直角尺、塞规等通用量具对型腔拼块进行检测，判断加工质量，分析产生误差的原因，优化加工方案和策略。

12. 能在作业过程中严格执行企业操作规范、安全生产制度、环保管理制度和“7S”管理规定，严格遵守从业人员的职业道德，树立吃苦耐劳、爱岗敬业的工作态度以及精益求精的质量管控意识和职业责任感。

13. 能按车间现场“7S”管理规定和产品工艺流程的要求，整理现场，正确放置工具、产品，对机床、工具进行维护与保养，并规范填写保养记录表。

14. 能与班组长、工具管理员等相关人员进行有效的沟通与合作，了解有效沟通和团队合作的重要性。

15. 能积极主动展示工作成果，对学习和工作过程中出现的问题进行反思和总结，优化加工方案和策略，具备知识迁移能力。

建议学时

62 学时。

学习任务描述

某校接到一项生产任务，要求以较低的生产成本协助制作某套注塑模具的侧向分型抽芯机构，工期为 10 天，经检验合格后交付客户使用。车间立即将任务分配给各生产小组，本组负责生产侧向分型抽芯机构的型腔拼块。

学习工作流程

学习活动 1　接受工作任务，明确工作要求（22 学时）
学习活动 2　阅读加工工艺卡，明确加工步骤和方法（12 学时）
学习活动 3　型腔拼块的加工及检验（24 学时）
学习活动 4　工作总结与评价（4 学时）

学习活动 1　接受工作任务，明确工作要求

学习目标

1. 能借助技术手册，查阅型腔拼块所用材料的牌号、用途、性能和分类属性。

2. 能正确识读型腔拼块的零件图，明确型腔拼块的形状、尺寸、表面粗糙度、几何公差和材料等信息，并能指出各信息的含义。

建议学时：22 学时。

学习过程

一、阅读生产任务单，明确工作任务

按照规定从生产主管处领取生产任务单（表 4–1），完成生产任务单的填写并签字确认。

表 4–1　　型腔拼块生产任务单

单　　号：____________________　　　　开单时间：_____年_____月_____日
开单部门：____________________　　　　开 单 人：____________________
接 单 人：______部______组_____　　　　签　　名：____________________

以下由开单人填写				
产品名称	材料	数量	技术标准、质量要求	
型腔拼块	45 钢	6	按图样要求	
任务细则	1. 到仓库领取相应的材料 2. 根据现场情况选用合适的工具、量具和设备 3. 根据加工工艺进行加工，交付检验 4. 填写生产任务单，清理工作场地，对工具、量具和设备进行维护与保养			
任务类型	铣削加工		完成工时	62 h

续表

<table>
<tr><td>产品名称</td><td>材料</td><td>数量</td><td>技术标准、质量要求</td></tr>
<tr><td>领取材料</td><td colspan="2"></td><td rowspan="2">仓库管理员（签名）

年　月　日</td></tr>
<tr><td>领取工具、量具</td><td colspan="2"></td></tr>
<tr><td>完成质量
（小组评价）</td><td colspan="2"></td><td>班组长（签名）

年　月　日</td></tr>
<tr><td>用户意见
（教师评价）</td><td colspan="2"></td><td>用户（签名）

年　月　日</td></tr>
<tr><td>改进措施
（反馈改良）</td><td colspan="3"></td></tr>
</table>

注：生产任务单与零件图、加工工艺卡一起领取。

型腔拼块在侧向分型抽芯机构中的作用是什么？

二、零件图样分析

图 4–1 所示为型腔拼块零件图。

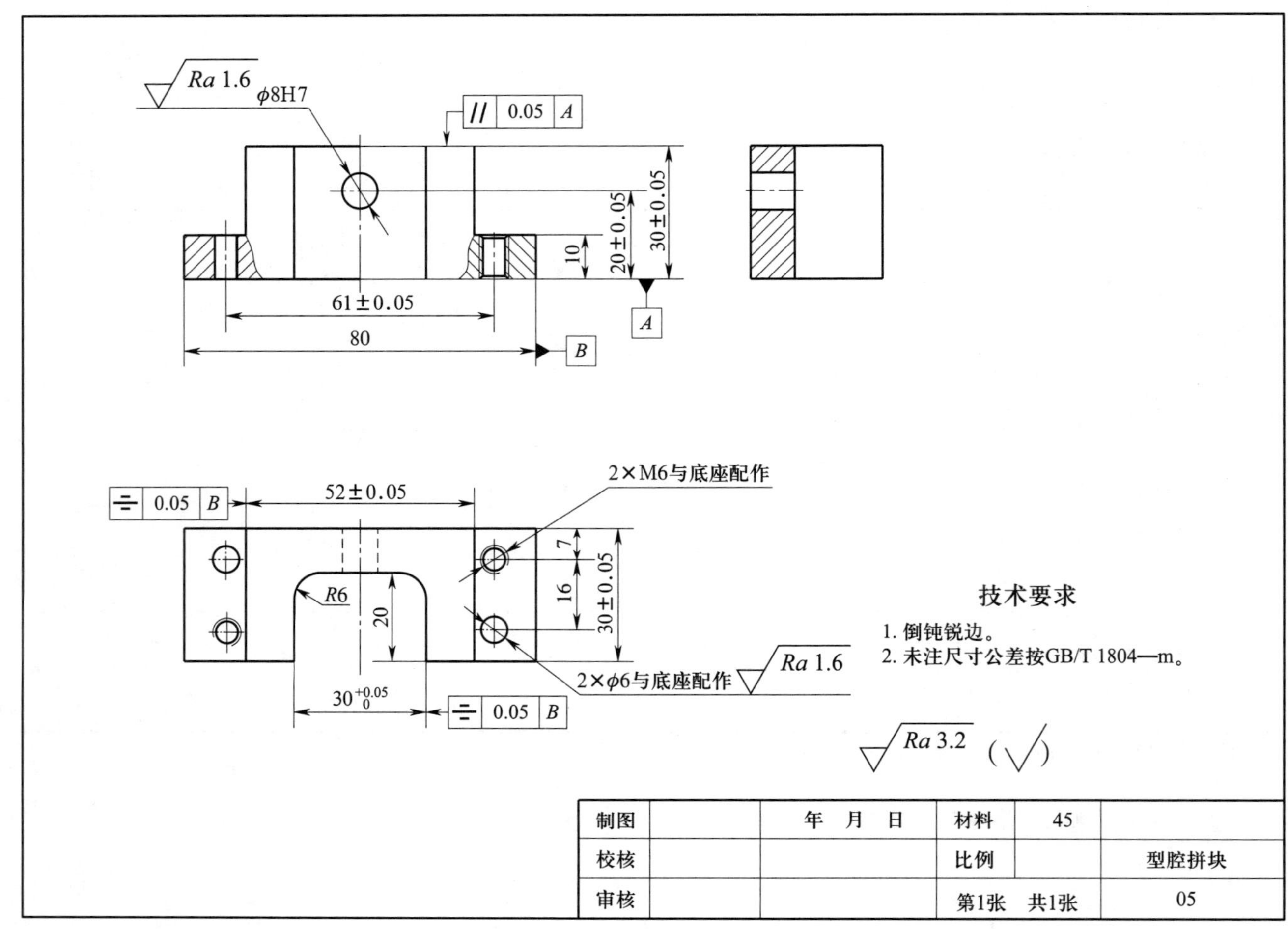

图 4–1 型腔拼块零件图

三、绘制零件图

按照国家标准，在下方图框内正确绘制型腔拼块零件图（可附图纸粘贴于此）。

学习活动 2　阅读加工工艺卡，明确加工步骤和方法

学习目标

1. 能正确识读加工工艺卡，明确加工步骤和方法。
2. 能正确选择型腔拼块的铣削用量。
3. 能根据加工工艺制定加工工序。

建议学时：12 学时。

学习过程

一、阅读加工工艺卡

阅读型腔拼块加工工艺卡（表 4–2），明确型腔拼块加工步骤和方法。

表 4–2　　型腔拼块加工工艺卡

<table>
<tr><td colspan="3" rowspan="2">（单位名称）</td><td rowspan="2">加工工艺卡</td><td>产品名称</td><td colspan="2">型腔拼块</td><td colspan="2">图号</td><td colspan="2"></td></tr>
<tr><td>零件名称</td><td colspan="2"></td><td colspan="2">数量</td><td>6</td><td>第　页</td></tr>
<tr><td colspan="2">材料种类</td><td>45 钢</td><td>材料成分</td><td></td><td colspan="2">毛坯尺寸</td><td colspan="3">85 mm × 35 mm × 35 mm</td><td>共　页</td></tr>
<tr><td rowspan="2">工序</td><td rowspan="2">工步</td><td rowspan="2">工序名称</td><td colspan="2" rowspan="2">工序内容</td><td rowspan="2">车间</td><td rowspan="2">设备</td><td colspan="2">工具</td><td rowspan="2">计划工时</td><td rowspan="2">实际工时</td></tr>
<tr><td>量具、刃具</td><td>辅具</td></tr>
<tr><td>1</td><td></td><td>铣六面体并用倒角刀倒角</td><td colspan="2">选定基准面，依次加工基准面、基准面的对面至图样精度要求，然后加工任意相邻面与基准面垂直，最后加工外形尺寸，使尺寸精度、几何精度符合图样要求（注意公称尺寸应尽量保持最大），每个面铣削完成后需要使用倒角刀倒角</td><td>铣工车间</td><td>铣床</td><td>ϕ 12 mm 硬质合金立铣刀、ϕ 10 mm 硬质合金倒角刀、游标卡尺、刀口形直角尺</td><td>机用虎钳</td><td></td><td></td></tr>
</table>

续表

工序	工步	工序名称	工序内容	车间	设备	工具		计划工时	实际工时
						量具、刃具	辅具		
2		铣台阶，保证对称度	使用数显光栅尺进行对刀，铣台阶，精加工至尺寸（52 ± 0.05）mm	铣工车间	铣床	ϕ 12 mm 硬质合金立铣刀、游标卡尺	机用虎钳		
3		铣型腔	分层粗加工型腔，精加工至尺寸 $30^{+0.05}_{0}$ mm	铣工车间	铣床	ϕ 12 mm 硬质合金立铣刀、游标卡尺	机用虎钳		
4		去毛刺	用刮刀去毛刺	铣工车间		刮刀			
更改号				拟定		校正	审核	批准	
更改者									
日　期									

注：M6 螺纹孔和 ϕ 6 mm 销孔与底座配作。

对照加工工艺卡，明确加工步骤，在表 4–3 中绘制加工工艺卡中各工序内容对应的工序简图。

表 4–3　　各工序对应工序简图

序号	工序	工序简图
1	铣六面体并倒角	
2	铣台阶	
3	铣型腔	

二、确定切削用量

根据铣削加工基础知识，选择加工型腔拼块的切削用量，并填入表 4–4 中。

表 4–4　加工型腔拼块的刀具及切削用量

序号	工序内容	刀具	主轴转速 /（r/min）	进给量 /（mm/min）	铣削深度 /mm	铣削宽度 /mm
1	铣六面体并用倒角刀倒角	ϕ12 mm 硬质合金立铣刀				
		ϕ10 mm 硬质合金倒角刀				
2	铣台阶	ϕ12 mm 硬质合金立铣刀				
3	铣型腔	ϕ12 mm 硬质合金立铣刀				

三、制订加工计划

1．如图 4–2 所示，简述装夹工件的注意事项。

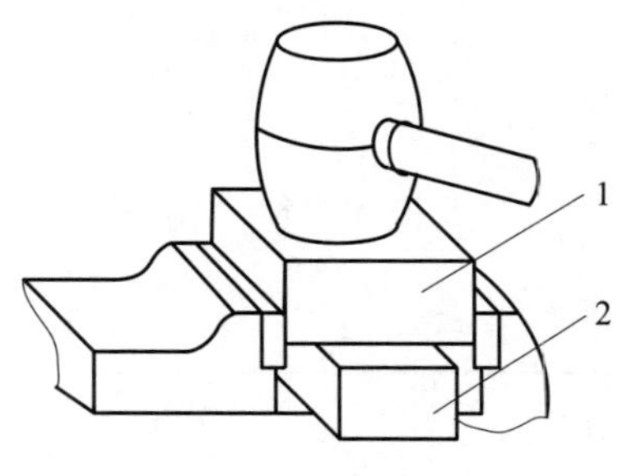

图 4–2　装夹工件
1—工件　2—垫铁

2．如图 4–3 所示，简述顺铣与逆铣的概念。

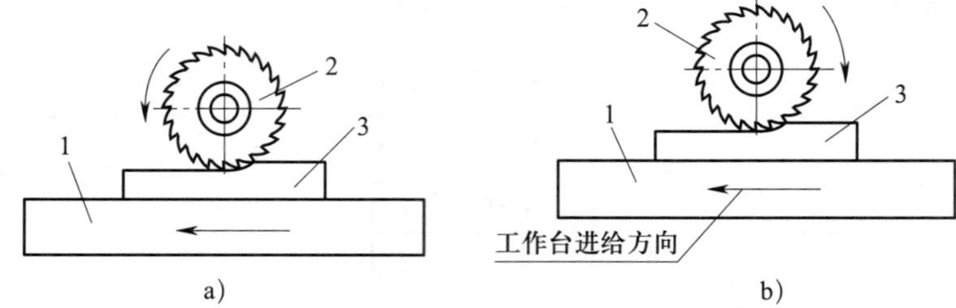

图 4–3　顺铣与逆铣

a）逆铣　b）顺铣

1—工作台面　2—圆盘铣刀　3—工件

（1）顺铣

（2）逆铣

（3）查阅资料，完成表 4–5 顺铣和逆铣的优缺点的填写。

表 4–5　顺铣和逆铣的优缺点

	顺铣	逆铣
优点		
缺点		

3．加工型腔拼块时，应选择顺铣还是逆铣，请说明理由。

4．铣削用量

（1）____________是指铣刀在一次进给中所切掉工件表层的宽度，用 a_c 表示，单位为 mm。

（2）____________是指铣刀在一次进给中所切掉工件表层的厚度，也就是指工件已加工表面和待加工表面间的垂直距离，用 a_p 表示，单位为 mm。

（3）主运动的线速度称为________。

（4）__________是指铣刀在进给运动方向上相对于工件的单位位移量，用 f 表示。

在铣削加工中进给量可以分为______种，分别是____。

合理的切削用量是在保证__________和工艺系统刚度允许的前提下，延长________，提高________，降低加工成本时的最大切削用量。

5．倒角刀

倒角刀是装配于铣床、钻床、刨床、倒角机等机床上，用于加工工件的 60° 或 90° 倒角与锥孔、倒模棱角的刀具，属于________，倒角刀又称倒角器。倒角刀适用范围广，不仅适用于普通机械加工件的倒角，更适用于精密难倒角加工件的倒角与去毛刺。

如图 4–4 所示，倒角刀的规格分三刃和单刃，角度有 90° 和 60° 两种，其他角度属于非标准倒角刀，需要单独订制。倒角刀的材质一般为高速钢。

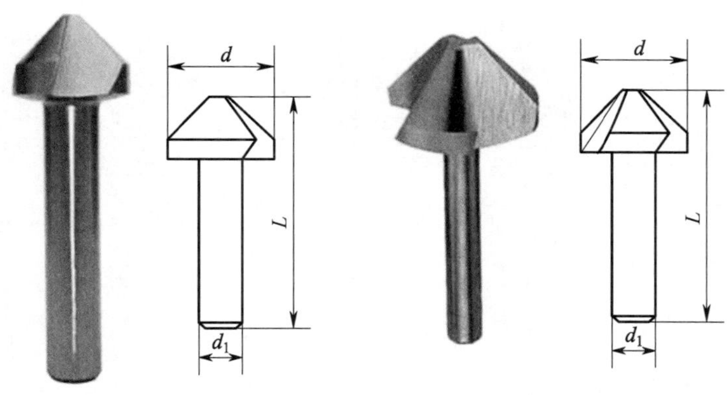

图 4–4　倒角刀

6．台阶的铣削

台阶、键槽和直角通槽（图 4–5）加工的技术要求主要体现在以下 3 个方面。

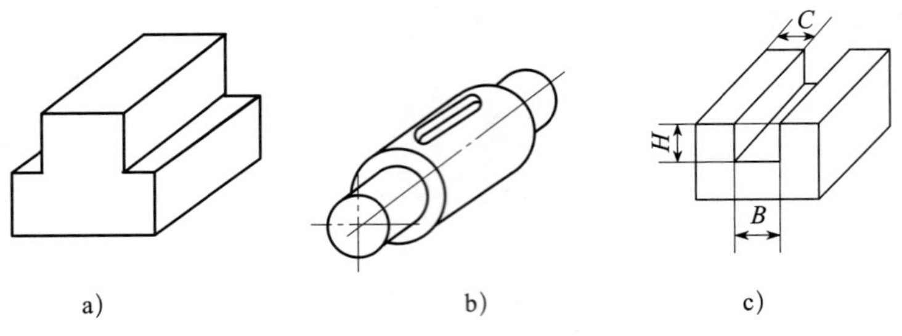

图 4–5　台阶、键槽和直角通槽

a）台阶　b）带键槽的传动轴　c）直角通槽

（1）尺寸精度。大多数的台阶和沟槽要与其他零件________，因此其尺寸精度，特别是配合面的尺寸精度要求都会相对较高。

（2）形状和位置精度。如各表面的平面度、台阶和直角通槽的侧面与基准面的平行度、双台阶对称中心线的________等要求，对斜槽和与侧面成一夹角的台阶还有斜度要求等。

（3）表面粗糙度。对与零件之间配合的两接触面的__________要求较高，其表面粗糙度值 $Ra \leqslant 3.2$ μm。

铣较深的台阶或多级台阶时，可用立铣刀（主要有 3 齿、4 齿的立铣刀）铣削。立铣刀圆周刃起主要切削作用，端面刃起________作用。由于立铣刀的外径通常都小于三面刃铣刀，因此，铣刀刚度和强度较低，铣削用量不能过大，否则铣刀容易加大“让刀”导致变形，甚至折断。

当台阶的加工尺寸及余量较大时，可采用分段铣削，即先分层粗铣掉大部分余量，预留精加工余量，后精铣至最终尺寸。粗铣时，台阶底面和侧面的精铣余量范围通常控制在 0.5 ~ 1.0 mm。精铣时，应首先精铣底面至尺寸要求，后精铣侧面至尺寸要求，这样可以减小铣削力，从而减小夹具、工件和刀具的__________，提高尺寸精度和表面质量。

学习活动 3　型腔拼块的加工及检验

学习目标

1. 能在机用虎钳上正确装夹工件并进行校正。
2. 能正确铣削六面体并保证其尺寸。
3. 能正确对刀并找正工件。
4. 能正确使用倒角刀。

建议学时：24 学时。

学习过程

一、型腔拼块的加工

1．铣床基本知识

（1）铣床数显操作面板（图 4–6）

铣床数显操作面板上各按键的功能说明见表 4–6。

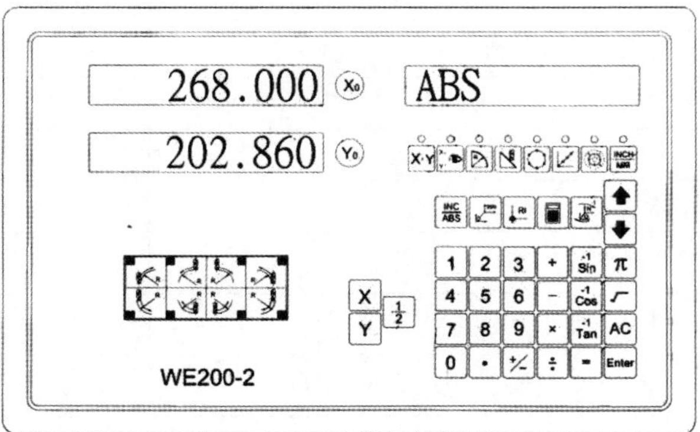

a）

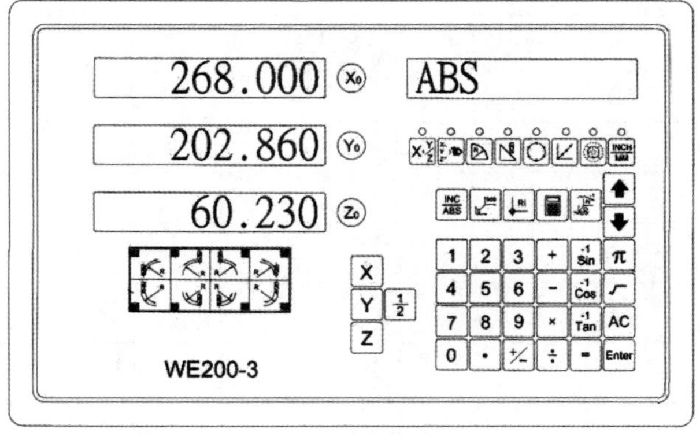

b）

图 4–6　铣床数显操作面板

a）WE200–2 两轴数显表　b）WE200–3 三轴数显表

表 4-6　　铣床数显操作面板上各按键功能

序号	按键符号	键名	功能说明	WE200-2	WE200-3
1	X_0 Y_0 Z_0	清零	将指定数轴显示值清零	无 Z_0	
2	X Y Z	选轴	确定操作轴	无 Z	
3	INCH/MM	公英制切换	显示值在公制和英制间切换		
4	$\frac{1}{2}$	分中	将指定轴的显示值除以 2		
5	INC/ABS	绝对坐标相对坐标切换	ABS/INC 切换		
6	RI	寻找光栅尺零点	寻找光栅尺零点		
7		缩水	在缩水和不缩水状态切换		
8	1000 D	SDM 坐标	提供 1 000 组辅助坐标，用于预置加工点		
9	0 – 9	数位	输入数字		
10	·	小数点	输入小数点		
11	+/−	正负号	输入正负号		
12	ENT	输入	确认每次的输入操作		
13	AC	清除	清除错误操作		
14		暂时离开 / 寻边	暂时离开加工状态，回到正常显示		无
15		暂时离开 / 寻边	暂时离开加工状态，回到正常显示	无	
16		计算器	进入或退出计算器状态		
17		切换	在计算器状态时，计算反三角函数 在 SDM 坐标显示状态时，进入输入 SDM 坐标号状态		
18	sin^{-1} cos^{-1} tan^{-1}	三角函数	计算三角函数和反三角函数		
19	+ − × ÷	加减乘除	进行加减乘除运算		
20	√	根号	平方或者开方		
21	π	圆周率	输入圆周率		
22	=	等于	计算结果		
23		圆周分孔	在圆弧上加工等分孔加工		
24		斜线分孔	在斜线上加工等分孔		
25		圆弧加工	将工件某平面加工成圆弧面		
26		斜面加工	将工件某平面加工成斜面		
27	X+Y	车床功能	车床模式选择		无
28	X+Y/Z	车床功能	车床模式选择	无	
29	↑ ↓	上下循环	上下循环		

（2）机床坐标系

在水平面中，与操作者平行的方向为____轴，与 *X* 轴垂直的方向为________轴。与水平面垂直的方向为____轴，各轴的正方向如图 4–7 所示。也可根据操作者的习惯，更改计数的正方向。

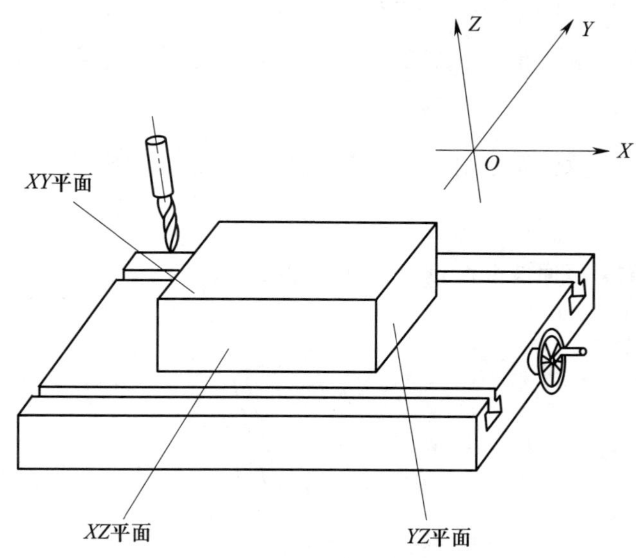

图 4–7　机床坐标系

在 *XY*、*YZ*、*XZ* 任一平面上，点的坐标是点相对于坐标原点的位移。

对于图 4–8a 所示的工件，坐标原点设置在 *O* 点，各点坐标如图 4–8b 所示。

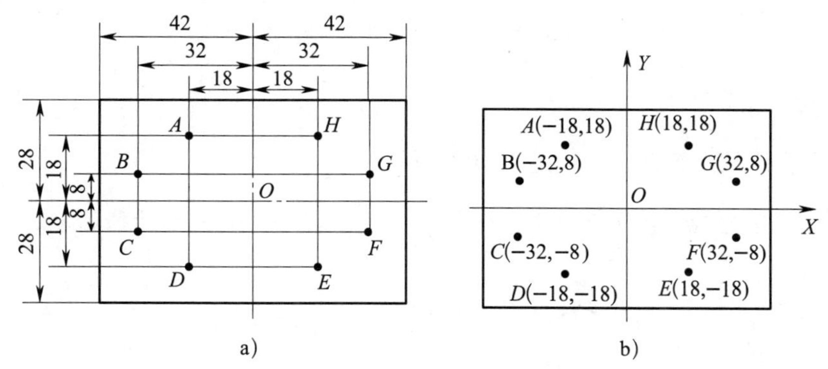

a)　　　　b)

图 4–8　铣床坐标系示例

（3）开机操作

功能介绍：打开电源开关，数显表进入正常显示状态，正常工作时会记忆。

A：上次关机时的位置。

B：ABS/INC/SDM 方式。

C：缩水率是否启动。

D：公制或英制工作方式。

如果在关机期间移动光栅尺，则必须搜索光栅尺原点，才能恢复原来的坐标设置。

（4）清零

功能介绍：数显表处于正常显示状态时，对坐标轴显示数值清零，清零用于设置当前坐标系显示加工的基准点。

当数显表处于其他状态时（如计算器功能和专用功能）不能清零，这时需先回到正常显示状态。

ABS/INC/SDM 三种坐标系下都能清零。ABS 清零后，INC 显示值同时清零；INC 清零后，ABS 和 SDM 显示值都不受影响。

清零后如果光栅尺未移动，这时再按同一轴的清零键，则取消上次的清零。清零的意义就是将当前点设为当前轴的坐标零点。

如图 4–9 所示，工件当前坐标原点设在 *O* 点，其清零操作步骤如下。

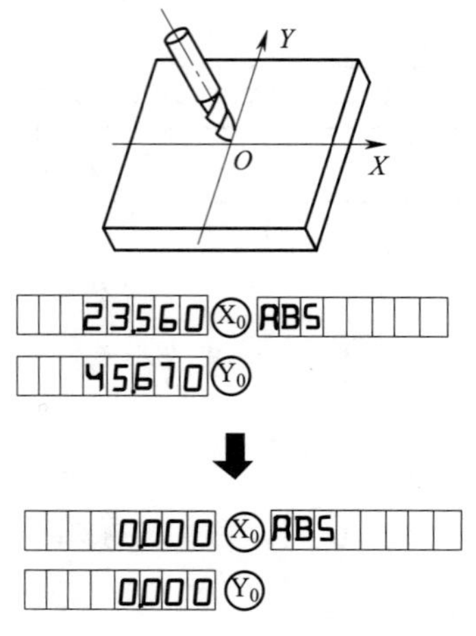

图 4–9　铣床数显坐标轴清零

1）回到正常显示状态。

2）移动工作台，使铣刀对准 *O* 点，如图 4–10 所示。

3）按 X_0，______当前坐标系显示值清零；按 Y_0，______当前坐标系显示值清零。

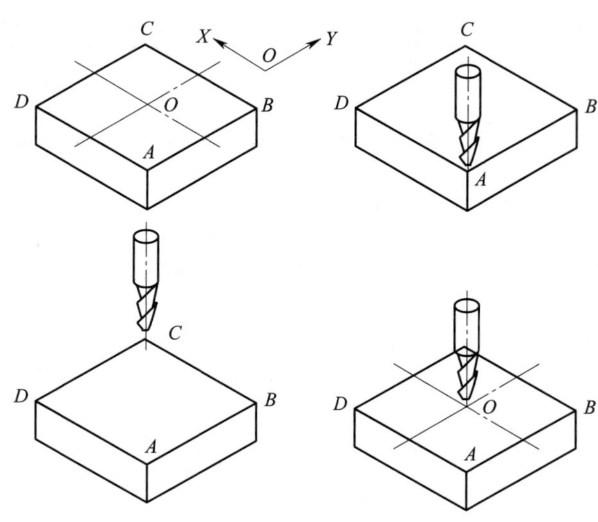

图 4–10　铣刀对准 *O* 点示意图

（5）对某轴预设数值

功能介绍：当数显表处于正常显示状态时，设置当前位置某轴的显示值。

当数显表处于其他状态时（如计算器功能和专用功能）不能输入数值。这时需先回到正常显示状态。

ABS/INC/SDM 三种坐标系下都能输入数值。

在 SDM 坐标系下，SDM 置数方式设置为“0”，显示值等于输入值；SDM 输入方式设置为“1”，显示值等于输入值的相反数。

置数范围为坐标最小显示值到最大显示值。

（6）自动分中

功能介绍：将现时显示数值除以 2，利用此功能可将零点设置在工件中心。

（7）对照图 4-11 所示的数显光栅尺面板，简述 *X/Y/Z* 轴清零的操作方法。

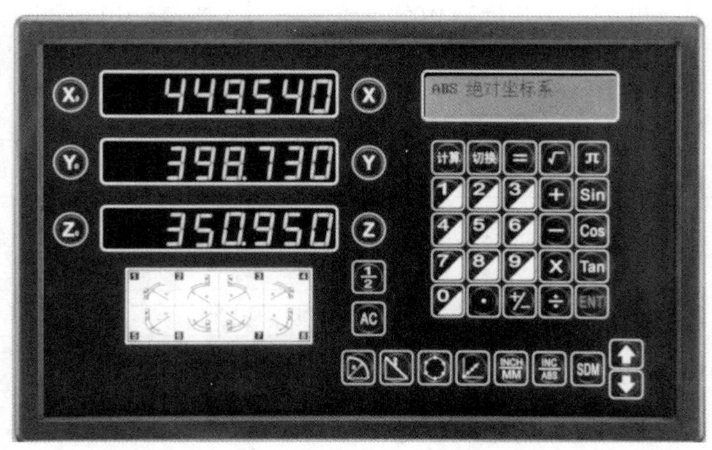

图 4-11　数显光栅尺面板

2．观看教师演示的两种对刀方法，选择一种适合本次加工的方法完成对刀操作，完成表 4-7 的填写。

表 4-7　两种对刀方法表述及适用范围

序号	名称	方法表述	适用范围
1	试切法		
2	贴纸法		

二、型腔拼块的检测

检测所加工的型腔拼块是否合格，并完成表 4–8 的填写。

表 4–8 型腔拼块质量评价表

工件编号		配分	项目与技术要求	评分标准	检测记录	得分
序号	名称					
1	主要尺寸（70 分）	10	80 mm	每超差 0.01 mm 扣 1 分		
2		10	（30 ± 0.05）mm（宽）	每超差 0.02 mm 扣 1 分		
3		10	（30 ± 0.05）mm（高）	每超差 0.01 mm 扣 1 分		
4		10	$30^{+0.05}_{0}$ mm	每超差 0.02 mm 扣 1 分		
5		10	10 mm	每超差 0.01 mm 扣 1 分		
6		10	（52 ± 0.05）mm	每超差 0.01 mm 扣 1 分		
7		10	（61 ± 0.05）mm	每超差 0.02 mm 扣 1 分		
8	次要尺寸（10 分）	5	∥ 0.05 A	超差不得分		
9		5	⌯ 0.05 B	超差不得分		
10	表面粗糙度（5 分）	3	$Ra \leqslant 1.6$ μm	降级不得分		
11		2	$Ra \leqslant 3.2$ μm	降级不得分		
12	主观评分（10 分）	3.5	已加工零件倒角、倒圆、去毛刺是否符合图样要求			
13		3.5	已加工零件是否有划伤、碰伤和夹伤			
14		3	已加工零件与图样要求的一致性			
15	更换毛坯（5 分）	5	是否更换毛坯	是 / 否		
16	职业素养	扣分	能正确穿戴工作服、工作鞋、安全帽等劳动防护用品。每违反一项扣 2 分			
17			能按机床使用规范正确进行开关机、对刀等基本操作。每误操作一次扣 2 分			
18			能规范使用及保养工具、量具和辅具。每违规操作一次扣 2 分			
19			能做好设备清洁、保养工作。不清洁、不保养扣 3 分；保养不彻底扣 2 分			
总配分			100	总得分		

学习活动 4　工作总结与评价

学习目标

1. 能自信地展示自己的作品，讲述自己作品的优势和特点。

2. 能与班组长、工具管理员等相关人员进行有效的沟通与合作，了解有效沟通和团队合作的重要性。

3. 能积极主动展示工作成果，对学习和工作过程中出现的问题进行反思和总结，优化加工方案和策略，具备知识迁移能力。

建议学时：4 学时。

学习过程

一、作品展示

以小组为单位派出代表介绍自己小组的优秀作品，通过作品展示，锻炼每一位小组成员的表达能力，同时提升自己的专业素养。

1．选出组内评价较高的作品进行展示，并就作品的实用性、工艺性和产品质量等内容做必要介绍，听取并记录其他小组对本组作品的评价和改进建议。

（1）实用性：

（2）工艺性：

（3）产品质量

1）尺寸精度：

2）几何精度：

3）表面粗糙度：

2．所展示的作品中有哪些部位存在尺寸缺陷和表面质量缺陷？简要分析是什么原因导致的，并总结出避免质量缺陷的加工建议。

（1）质量缺陷

1）尺寸缺陷：

2）表面质量缺陷：

（2）简要分析造成质量缺陷的原因。

（3）在加工过程中应注意哪些事项?

二、总结型腔拼块加工的心得体会

1．本任务包括哪些铣削应用的相关知识?

2．本任务在绘图方面的能力要求有哪些?

3．按照本任务加工工艺卡给定的加工顺序进行加工，对保障产品精度和质量有哪些意义? 若变更加工顺序会产生怎样的影响?

4．简述生产企业在每次执行新的加工任务前，制定详细的工艺方案和工作计划的理由。

三、加工成本估算

1．总结加工工序、工时，进行简单的成本估算，并完成表 4–9 的填写。

表 4–9　　成本估算表

序号	加工内容	预计工时	成本测算项目			成本估算值
			设备	能源	辅料	
1						
2						
3						
4						
5						
6						
7						
8						
9						
10						

2．在估算型腔拼块的生产成本时，是否需要考虑人工费、管理费和税费？如果要计算人工费、管理费和税费，型腔拼块的成本应如何估算？请重新估算后把追加的成本因素写下来。

四、评价与分析

对本任务进行评价与分析，并完成表 4–10 的填写。

表 4–10　　学习任务评价表

班级		姓名		学号		日期	年　月　日
评分标准							
序号	评价内容	评分细则		配分	得分	总评	
1	能绘制型腔拼块零件图（15 分）	各零件表达完整，少一个扣 0.5 分		6		A□ （100 ~ 86 分） B□ （85 ~ 76 分） C□ （75 ~ 60 分） D□ （60 分以下）	
		尺寸标注完整，少一个扣 0.5 分		3			
		技术要求不少于两点，少一个扣 1 分		3			
		标题栏内容完整，少一个扣 0.5 分		3			
2	能正确叙述型腔拼块工作原理（10 分）	工作原理叙述完整（得 10 分）		10			
		工作原理叙述较完整（得 6 分）					
		工作原理叙述不完整（得 2 分）					
3	能按各工序内容绘制工序简图（10 分）	铣六面体并倒角工序简图		2			
		铣台阶工序简图		4			
		铣型腔工序简图		4			
4	能正确区分顺铣、逆铣并简述其优缺点（20 分）	正确区分顺铣		2			
		正确区分逆铣		2			
		顺铣的优缺点		8			
		逆铣的优缺点		8			
5	能正确使用数显光栅尺，能正确完成对刀（20 分）	正确使用数显光栅尺		10			
		正确完成对刀		10			
6	能在铣床上完成六面体、倒角、台阶和型腔的加工（15 分）	完成六面体及倒角的加工		5			
		完成台阶的加工		5			
		完成型腔的加工		5			
7	能简述零件质量的检测方法（6 分）	简述零件尺寸的检测方法		2			
		简述对称度的检测方法		2			
		简述表面粗糙度的检测方法		2			
8	能积极参加小组讨论，具有团队合作意识（小组长对成员打分）（4 分）	参与积极性、合作意识好（得 4 分）		4			
		参与积极性、合作意识较好（得 3 分）					
		参与积极性、合作意识一般（得 1 分）					
小结建议		总得分					

学习任务五　底座的加工

学习目标

1. 能叙述车间和工作区的范围与限制，理解企业对环境、安全、卫生和事故的预防标准。

2. 能检查工作区、设备、工具、材料的状况和功能。

3. 能正确识读零件图，明确零件的形状、尺寸、表面粗糙度、几何公差和技术要求等信息，并能指出各信息的含义。

4. 能按照国家标准绘制底座零件图。

5. 能识读底座加工工艺卡，制定底座加工方案。

6. 能合理选择工具、夹具、量具。

7. 能通过识读加工工序卡，正确装夹工件。

8. 能按照底座零件图合理选择铣刀与麻花钻，并叙述选择理由。

9. 能规范使用铣床对孔进行加工，并能正确保养铣床。

10. 能依据加工工艺卡，按技术要求完成零件的加工。

11. 能规范使用游标卡尺检测型腔和孔的尺寸与位置精度。

12. 能正确控制底座型腔与孔的位置精度。

13. 能正确填写质量检测表，判断零件加工质量是否合格。

14. 能借助技术手册，查阅任务中毛坯材料及刀具材料的牌号、几何公差和切削用量等知识，理解技术手册在生产中的重要性。

15. 能按车间现场“7S”管理规定和产品工艺流程的要求，整理现场，正确放置工具、产品，对机床、工具进行维护与保养，并规范填写保养记录表。

16. 能与班组长、工具管理员等相关人员进行有效的沟通与合作，了解有效沟通和团队合作的重要性。

17. 能积极主动展示工作成果，对学习和工作过程中出现的问题进行反思和总结，优化加工方案和策略，具备知识迁移能力。

建议学时

60 学时。

学习任务描述

某校接到一项生产任务，要求以较低的生产成本协助制作某套注塑模具的侧向分型抽芯机构，工期为10 天，经检验合格后交付客户使用。车间立即将任务分配给各生产小组，本组负责生产侧向分型抽芯机构的底座。

学习工作流程

学习活动 1　接受工作任务，明确工作要求（6 学时）

学习活动 2　阅读加工工艺卡，明确加工步骤和方法（12 学时）

学习活动 3　底座的加工及检验（36 学时）

学习活动 4　工作总结与评价（6 学时）

学习活动1 接受工作任务，明确工作要求

学习目标

1. 能根据任务内容，绘制底座零件图，正确叙述图样技术要求。

2. 能正确识读底座零件图，明确底座的形状、尺寸、表面粗糙度、几何公差、材料和技术要求等信息，并能指出各信息的含义。

3. 能了解车间和工作区的范围与限制，理解企业对环境、安全、卫生和事故的预防标准。

4. 能借助技术手册，查阅任务中毛坯材料及刀具材料的牌号、几何公差和切削用量等知识，理解技术手册在生产中的重要性。

建议学时：6学时。

学习过程

一、阅读生产任务单，明确工作任务

按照规定从生产主管处领取生产任务单（表5-1），完成生产任务单的填写并签字确认。

表5-1　　底座生产任务单

单　　号：________________	开单时间：______年______月______日
开单部门：________________	开 单 人：________________
接 单 人：______部______组______	签　　名：________________

以下由开单人填写			
产品名称	材料	数量	技术标准、质量要求
底座	45钢	6	按图样要求

续表

产品名称	材料	数量	技术标准、质量要求	
任务细则	1. 到仓库领取相应的材料 2. 根据现场情况选用合适的工具、量具和设备 3. 根据加工工艺进行加工，交付检验 4. 填写生产任务单，清理工作场地，对工具、量具和设备进行维护与保养			
任务类型	铣削加工		完成工时	60 h
领取材料			仓库管理员（签名） 年　月　日	
领取工具、量具				
完成质量 （小组评价）			班组长（签名） 年　月　日	
用户意见 （教师评价）			用户（签名） 年　月　日	
改进措施 （反馈改良）				

注：生产任务单与零件图、加工工艺卡一起领取。

1．根据表 5–1 底座生产任务单，填写零件名称、材料、数量和完成时间。

零件名称：____________________；材　　料：____________________；

数　　量：____________________；完成时间：____________________。

2．查阅资料，明确底座在侧向分型抽芯机构中的作用。

3．加工底座的毛坯材料应具有怎样的性能才能满足底座的功能要求?

4．由表 5–1 底座生产任务单可知，底座的材料是 45 钢。查阅技术手册，简述 45 钢的特性和用途。

二、零件图样分析

图 5–1 所示为底座零件图。

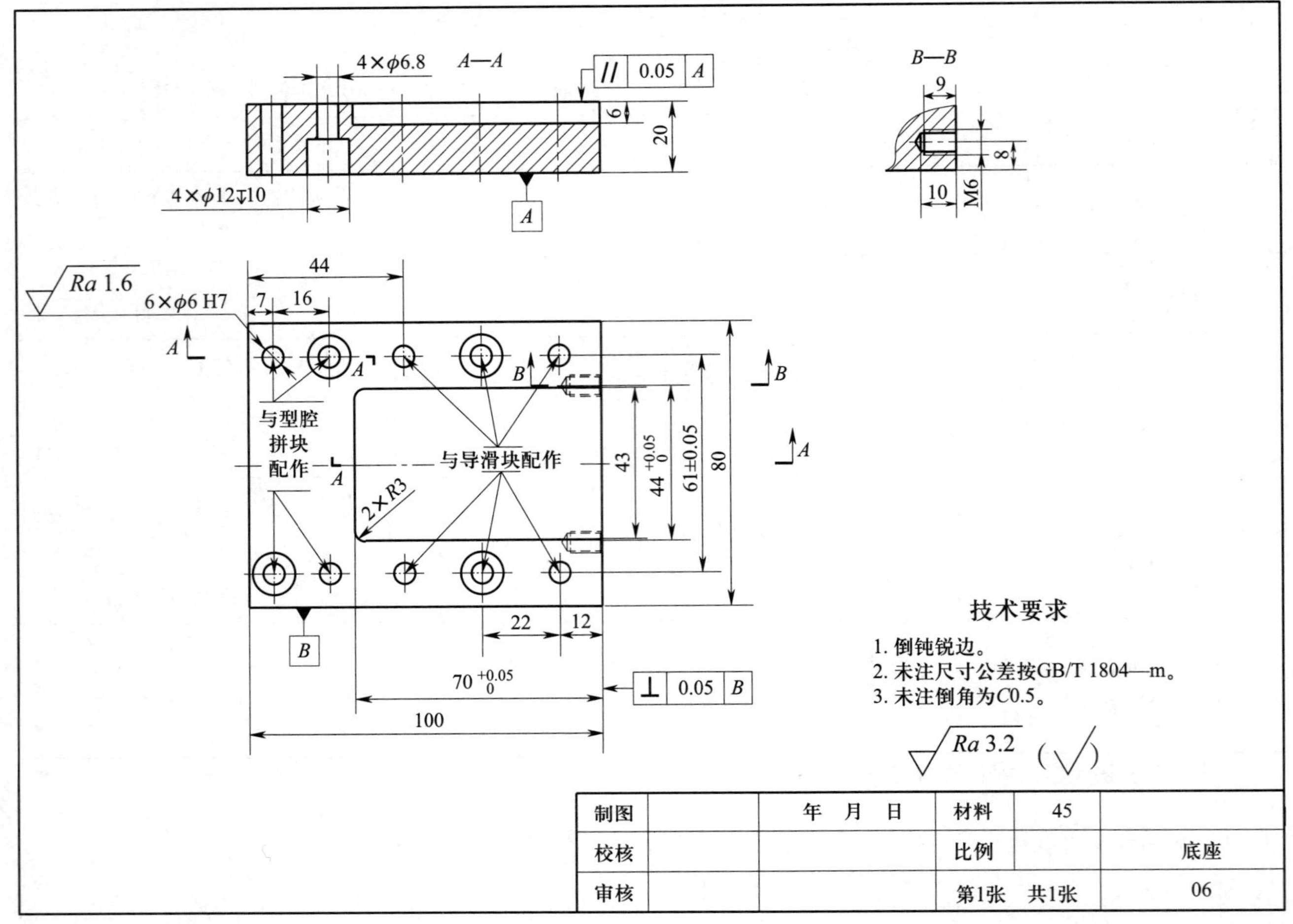

图 5–1 底座零件图

1．图 5–1 使用了几个视图来表达底座的几何特性？各视图分别重点表达了底座的哪些几何特性？

2．仔细观察图 5–1 的主视图、俯视图，查阅技术手册或资料，写出两个视图长、宽、高 3 个方向的投影规律。

3．图 5-1 中主视图采用的是什么画法？该视图要结合俯视图中的什么标记一起看图？

4．图 5-1 中标注的尺寸“6×ϕ6H7”表示什么含义？

5．零件图 5-1 中标注的尺寸“$70^{+0.05}_{0}$”的上极限尺寸和下极限尺寸分别为多少？这样标注尺寸的意义是什么？

6．图 5-1 中尺寸 $44^{+0.05}_{0}$ mm 的公称尺寸是多少？上极限偏差和下极限偏差各是多少？

7．图 5-1 中尺寸（61±0.05）mm 的公差是多少？

8．图 5-1 中尺寸 80 mm 的公差是多少？

9．图 5-1 中尺寸 100 mm 的公差是多少？

10．图 5–1 中的符号“$\underset{\boxed{A}}{\blacktriangledown}$”表示设计时在图样上所选定的基准，称为设计基准。查阅技术手册，简述此基准符号所代表的含义。

11．图 5–1 中除包含基本的尺寸信息外，还包含了平行度等几何公差信息，查阅技术手册，简述“$\boxed{//}\boxed{0.05}\boxed{A}$”的具体含义。

12．图 5–1 中“$\sqrt{Ra\,3.2}$”为表面结构符号，用于表示工件的表面质量，查阅技术手册，简述该符号所表示的具体含义。

13．简述图 5–1 中“与导滑块配作”字样的含义。

14．将底座的主要加工尺寸和几何公差要求填写在表 5–2 中。

表 5–2　　底座主要加工尺寸和几何公差要求

序号	主要加工尺寸	几何公差等级或偏差范围
1		
2		
3		
4		
5		
6		
7		

三、绘制零件图

按照国家标准，在下方图框内正确绘制底座零件图（可附图纸粘贴于此）。

学习活动 2　阅读加工工艺卡，明确加工步骤和方法

学习目标

1. 能正确识读加工工艺卡，明确加工步骤和方法。
2. 能按加工要求合理选择刀具、夹具、量具。
3. 能按照加工要求合理选择机床。
4. 能根据加工要求正确选择毛坯。

建议学时：12 学时。

学习过程

一、阅读加工工艺卡

阅读底座加工工艺卡（表 5–3），明确底座加工步骤和方法。

表 5–3　　底座加工工艺卡

<table>
<tr><td colspan="3" rowspan="2">（单位名称）</td><td rowspan="2">加工工艺卡</td><td>产品名称</td><td colspan="2">底座</td><td colspan="2">图号</td><td colspan="2"></td></tr>
<tr><td>零件名称</td><td colspan="2"></td><td colspan="2">数量</td><td>6</td><td>第　页</td></tr>
<tr><td colspan="2">材料种类</td><td>45 钢</td><td>材料成分</td><td></td><td colspan="2">毛坯尺寸</td><td colspan="3">（100 ± 0.1）mm ×（80 ± 0.1）mm ×（20 ± 0.1）mm</td><td>共　页</td></tr>
<tr><td rowspan="2">工序</td><td rowspan="2">工步</td><td rowspan="2">工序名称</td><td colspan="2" rowspan="2">工序内容</td><td rowspan="2">车间</td><td rowspan="2">设备</td><td colspan="2">工具</td><td rowspan="2">计划工时</td><td rowspan="2">实际工时</td></tr>
<tr><td>量具、刃具</td><td>辅具</td></tr>
<tr><td>1</td><td></td><td>铣型腔</td><td colspan="2">用 ϕ12 mm 立铣刀粗铣型腔，留 0.1 ~ 0.2 mm 余量；用 ϕ6 mm 立铣刀精铣型腔至图样尺寸要求</td><td>铣工车间</td><td>铣床（X8126）</td><td>深度游标卡尺、游标卡尺、ϕ12 mm 立铣刀、ϕ6 mm 立铣刀</td><td>机用虎钳</td><td></td><td></td></tr>
<tr><td>2</td><td></td><td>钻中心孔</td><td colspan="2">用 ϕ3 mm 中心钻钻出中心孔</td><td>铣工车间</td><td>铣床（X8126）</td><td>游标卡尺、ϕ3 mm 中心钻</td><td>机用虎钳</td><td></td><td></td></tr>
</table>

续表

工序	工步	工序名称	工序内容	车间	设备	工具		计划工时	实际工时
						量具、刃具	辅具		
3		钻孔	用 ϕ5.7 mm 麻花钻钻出通孔；用 ϕ6.5 mm 麻花钻钻出螺纹底孔；用 ϕ12 mm 锪钻钻出沉孔	钳工车间	铣床（X8126）	游标卡尺、ϕ5.7 mm 麻花钻、ϕ6.5 mm 麻花钻、ϕ12 mm 锪钻	机用虎钳		
4		铰孔	用 ϕ6 mm 铰刀精铰孔	钳工车间	铣床（X8126）	游标卡尺、塞规、ϕ6 mm 铰刀	机用虎钳		
5		配钻螺纹底孔	M6 螺纹底孔与限位块配作	钳工车间	台式钻床	ϕ5.2 mm 麻花钻	机用虎钳		
6		攻螺纹		钳工车间	台虎钳	M6 丝锥			
7		倒角、去毛刺		钳工车间	台虎钳	倒角、去毛刺			
8		自检		钳工车间		百分表、游标卡尺、塞规			
更改号				拟定		校正	审核	批准	
更改者									
日　期									

1．加工步骤的分析与确定

对照加工工艺卡，明确加工步骤，在表 5–4 中绘制加工工艺卡中各工序内容对应的工序简图。

表 5–4　　各工序对应工序简图

序号	工序	工序简图
1	铣型腔	
2	钻中心孔	
3	钻孔、铰孔	

续表

序号	工序	工序简图
4	配钻螺纹底孔	
5	攻螺纹	
6	倒角、去毛刺	

2．阅读加工工艺卡，确定加工底座需要用到的机床，填入表 5–5 中。

表 5–5　加工底座所用机床名称、型号及用途

序号	机床名称	机床型号	用途
1			
2			
3			

3．阅读加工工艺卡，确定加工底座需要用到的工具、量具、夹具和刃具，分析选择的原因及其具体应用，填入表 5–6 中。

表 5-6　　加工底座所用工具、量具、夹具和刃具

序号	名称	规格	选择原因	应用	备注
1					
2					
3					
4					
5					
6					

二、确定切削用量

加工本任务的切削用量见表 5–7。

表 5–7　　底座加工工序卡

<table>
<tr><td colspan="2">底座加工工序卡</td><td>产品名称</td><td></td><td>零件名称</td><td>底座</td><td>图号</td></tr>
<tr><td colspan="4" rowspan="9"></td><td>车间</td><td colspan="1">工序名称</td><td>材料牌号</td></tr>
<tr><td>铣工车间</td><td>铣底座</td><td></td></tr>
<tr><td>毛坯种类</td><td colspan="2">毛坯外形尺寸</td></tr>
<tr><td></td><td colspan="2"></td></tr>
<tr><td>设备名称</td><td>设备型号</td><td>设备编号</td></tr>
<tr><td>普通铣床</td><td>X8126</td><td></td></tr>
<tr><td colspan="2">夹具名称</td><td>切削液</td></tr>
<tr><td colspan="2">机用虎钳</td><td>乳化液</td></tr>
<tr><td colspan="3"></td></tr>
<tr><td>工步号</td><td>内容</td><td colspan="2">刀具</td><td>主轴转速 /（r/min）</td><td>进给量 /（mm/r）</td><td>铣削深度 /mm</td></tr>
<tr><td>1</td><td>粗铣型腔：用 ϕ12 mm 立铣刀粗铣型腔，留 0.1 ~ 0.2 mm 余量</td><td colspan="2">ϕ12 mm 立铣刀</td><td>420 ~ 600</td><td>60 ~ 80</td><td>2</td></tr>
<tr><td>2</td><td>精铣型腔：用 ϕ6 mm 立铣刀精铣型腔至图样尺寸要求</td><td colspan="2">ϕ6 mm 立铣刀</td><td>600 ~ 800</td><td>50 ~ 60</td><td>5</td></tr>
<tr><td>3</td><td>钻中心孔：翻面用 ϕ3 mm 中心钻钻出中心孔</td><td colspan="2">ϕ3 mm 中心钻</td><td>600 ~ 800</td><td>20 ~ 30</td><td>2</td></tr>
<tr><td>4</td><td>钻孔：用 ϕ5.7 mm 麻花钻钻出通孔</td><td colspan="2">ϕ5.7 mm 麻花钻</td><td>420 ~ 600</td><td>20 ~ 30</td><td>2</td></tr>
<tr><td>5</td><td>钻孔：用 ϕ6.5 mm 麻花钻钻出螺纹底孔</td><td colspan="2">ϕ6.5 mm 麻花钻</td><td>420 ~ 600</td><td>20 ~ 30</td><td>2</td></tr>
<tr><td>6</td><td>钻孔：用 ϕ12 mm 锪钻钻出沉孔</td><td colspan="2">ϕ12 mm 锪钻</td><td>220 ~ 420</td><td>20 ~ 30</td><td>2</td></tr>
</table>

学习活动 3　底座的加工及检验

学习目标

1. 能正确装夹工件并进行校正。

2. 能规范地按照加工步骤进行零件的加工。

3. 能在铣型腔过程中判断顺铣、逆铣，并按加工精度要求选择顺铣或逆铣。

4. 能正确控制底座型腔与孔的位置精度。

5. 能规范使用游标卡尺、内径千分尺检测型腔和孔的尺寸与位置精度。

6. 能正确填写质量检测表，判断零件是否合格。

7. 能按车间现场“7S”管理规定和产品工艺流程的要求，整理现场，正确放置工具、产品，对机床、工具进行维护与保养，并规范填写保养记录表。

建议学时：36 学时。

学习过程

一、底座的加工

1. 领料

按照填写好的生产任务单（或领料单），分小组从指导教师处领取毛坯和相应的辅具，并检查是否能用和够用。

2. 加工前准备

（1）装夹与找正工件

1）槽类零件铣削时的装夹与校正

槽类零件铣削时，在铣床上的位置大多要求______________。中、小型工件一般都用____________装夹，大型工件则用______________装夹。铣窄长的直通槽时，机用虎钳______________与______________垂直；在窄长工件上铣垂直于工件长度方向的直通槽时，________________应与______________平行。这样可以保证铣出的直通槽两侧面与工件的基准面平行或垂直，固定钳口面与主轴轴线平行或垂直如图 5–2a、图 5–2b 所示。

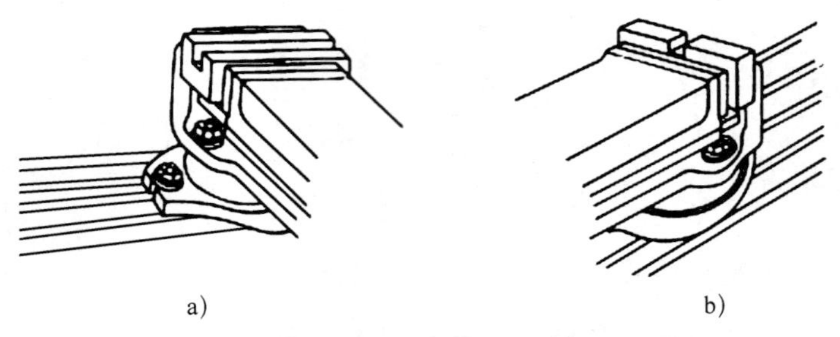

图 5–2　固定钳口面与主轴轴线平行或垂直

a）平行　b）垂直

2）结合上述槽类零件装夹知识与底座的技术要求，选择本任务的装夹方式。

（2）槽类零件铣削时的对刀方法

1）侧面对刀法

对于直通槽平行于侧面的工件，在装夹及校正后，调整铣床，使回转中的三面刃铣刀的__________工件侧面的贴纸。垂直降落工作台，再横向移动工作台，位移量 A 等于__________和___________之和，即 $A=L+C$，如图 5–3 所示，将横向进给机构紧固后，调整好铣削宽度 a_e（即槽深 H），铣出直通槽。

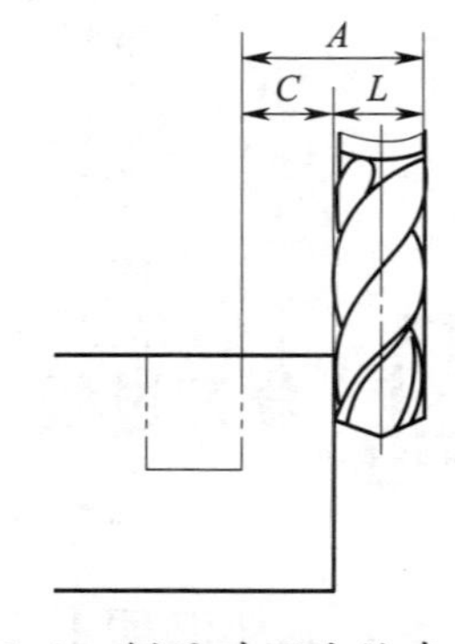

图 5–3　侧面对刀法铣直通槽

2）划线对刀法

在工件的加工部位划出直通槽的_____________，装夹及校正工件后，调整切削位置，使________________对准工件上所划直通槽的宽度线，将横向进给机构紧固，分次进给，铣出直通槽。

3）结合上述槽类零件铣削时的对刀方法与底座的技术要求，选择本任务的对刀方法。

3．零件加工

（1）用立铣刀铣半通槽（图 5–4）

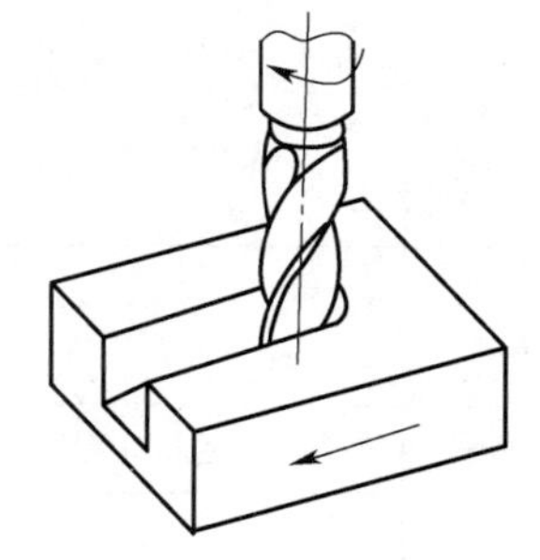

图 5–4　用立铣刀铣半通槽

用立铣刀铣半通槽时，所选择的立铣刀直径应__________槽的宽度。由于立铣刀刚度较低，铣削时容易产生________现象，加工深度较深的半通槽时，应__________到要求的深度，以免铣刀受力过大而折断，铣到要求的深度后，再将槽__________到要求的宽度尺寸。扩铣时应避免顺铣，防止损坏铣刀或啃伤工件。

（2）用立铣刀铣穿通的封闭槽（图 5–5）

用立铣刀铣____________时，由于立铣刀的端面刃________________，铣刀中心不能切削。因此，不能____________工件，铣削前应在封闭槽的一端______________________落刀孔，并由此孔落刀铣削。

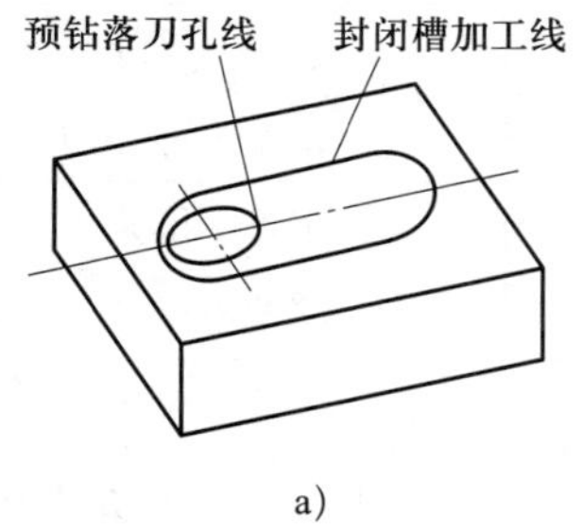

a）

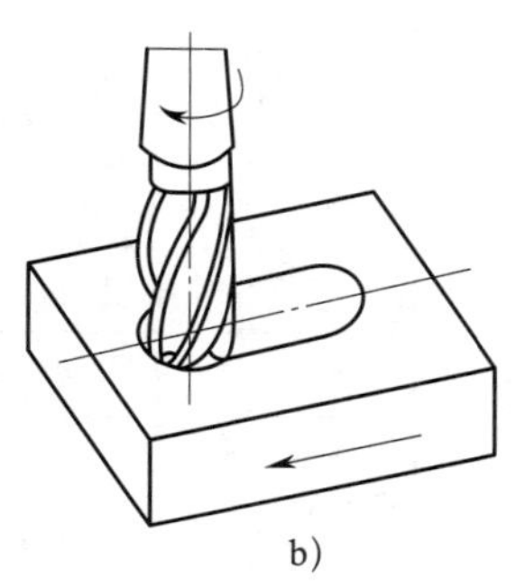

b）

图 5–5　用立铣刀铣穿通的封闭槽

a）划加工线　b）预钻落刀孔

（3）结合上述用立铣刀铣半通槽和铣穿通的封闭槽的方法，选择本任务中铣槽的方法。

4．清理现场，归置物品

（1）良好的工作习惯是在工作过程中有意识地养成的，这一点对于一名具有良好职业素养的高技能人才而言尤其重要。在每天的学习和实训工作中，你是如何做好整理工作台、合理及整齐放置工具和量具、日常维护与保养设备等工作的?

（2）本任务所用量具的日常维护与保养包括哪些工作?

二、底座的检测

检测所加工的底座是否合格，并完成表 5-8 的填写。

表 5-8 底座质量评价表

工件编号		配分	项目与技术要求	评分标准	检测记录	得分
序号	名称					
1	主要尺寸（50 分）	10	100 mm	每超差 0.01 mm 扣 1 分		
2		5	$70^{+0.05}_{0}$ mm	每超差 0.01 mm 扣 1 分		
3		5	80 mm	每超差 0.01 mm 扣 1 分		
4		5	（61 ± 0.05）mm	每超差 0.01 mm 扣 1 分		
5		5	$44^{+0.05}_{0}$ mm	每超差 0.01 mm 扣 1 分		
6		5	20 mm	每超差 0.01 mm 扣 1 分		
7		5	ϕ6H7（6 处）	超差不得分		
8		5	ϕ6.8 mm（4 处）	超差不得分		
9		5	ϕ12 mm 深 10 mm（4 处）	超差不得分		
10	次要尺寸（20 分）	5	*R*3 mm（2 处）	超差不得分		
11		5	*C*0.5 mm	超差不得分		
12		5	// 0.05 *A*	每超差 0.01 mm 扣 1 分		
13		5	⊥ 0.05 *B*	每超差 0.01 mm 扣 1 分		
14	表面粗糙度（10 分）	10	*Ra* ≤ 3.2 μm	降级不得分		
15	主观评分（10 分）	4	已加工零件倒角、倒圆、去毛刺是否符合图样要求			
16		4	已加工零件是否有划伤、碰伤和夹伤			
17		2	已加工零件与图样要求的一致性			
18	更换毛坯（10 分）	10	是否更换毛坯	是 / 否		
19	职业素养	扣分	能正确穿戴工作服、工作鞋、安全帽等劳动防护用品。每违反一项扣 2 分			
20			能按机床使用规范正确进行开关机、对刀等基本操作。每误操作一次扣 2 分			
21			能规范使用及保养工具、量具和辅具。每违规操作一次扣 2 分			
22			能做好设备清洁、保养工作。不清洁、不保养扣 3 分；保养不彻底扣 2 分			
总配分			100	总得分		

学习活动 4　工作总结与评价

学习目标

1. 能自信地展示自己的作品，讲述自己作品的优势和特点。

2. 能与班组长、工具管理员等相关人员进行有效的沟通与合作，了解有效沟通和团队合作的重要性。

3. 能积极主动展示工作成果，对学习和工作过程中出现的问题进行反思和总结，优化加工方案和策略，具备知识迁移能力。

建议学时：6 学时。

学习过程

一、作品展示

以小组为单位派出代表介绍自己小组的优秀作品，通过作品展示，锻炼每一位小组成员的表达能力，同时提升自己的专业素养。

1．选出组内评价较高的作品进行展示，并就作品的实用性、工艺性和产品质量等内容做必要介绍，听取并记录其他小组对本组作品的评价和改进建议。

（1）实用性：

（2）工艺性：

（3）产品质量

1）尺寸精度：

2）几何精度：

3）表面粗糙度：

2．所展示的作品中有哪些部位存在尺寸缺陷和表面质量缺陷？简要分析是什么原因导致的，并总结出避免质量缺陷的加工建议。

（1）质量缺陷

1）尺寸缺陷：

2）表面质量缺陷：

（2）简要分析造成质量缺陷的原因。

（3）在加工过程中应注意哪些事项?

二、总结底座加工的心得体会

1．本任务包括哪些铣削应用的相关知识?

2．本任务在绘图方面的能力要求有哪些?

3．按照本任务加工工艺卡中给定的加工顺序进行加工，对保障产品精度和质量有哪些意义? 若变更加工顺序会产生怎样的影响?

4．简述生产企业在每次执行新的加工任务前，制定详细的工艺方案和工作计划的理由。

三、加工成本估算

1．总结加工工序、工时，进行简单的成本估算，并完成表 5–9 的填写。

表 5–9　　成本估算表

序号	加工内容	预计工时	成本测算项目			成本估算值
			设备	能源	辅料	
1						
2						
3						
4						
5						
6						
7						
8						
9						
10						

2．在估算底座的生产成本时，是否需要考虑人工费、管理费和税费？如果要计算人工费、管理费和税费，底座的成本应如何估算？请重新估算后把追加的成本因素写下来。

四、评价与分析

对本任务进行评价与分析，并完成表 5–10 的填写。

表 5–10　　学习任务评价表

<table>
<tr><td>班级</td><td></td><td>姓名</td><td></td><td>学号</td><td></td><td>日期</td><td colspan="2">年　月　日</td></tr>
<tr><td colspan="9">评分标准</td></tr>
<tr><td>序号</td><td colspan="2">评价内容</td><td colspan="3">评分细则</td><td>配分</td><td>得分</td><td>总评</td></tr>
<tr><td rowspan="5">1</td><td colspan="2" rowspan="5">能绘制底座零件图（15 分）</td><td colspan="3">各零件表达完整，少一个扣 0.5 分</td><td>5</td><td></td><td rowspan="20">A□
（100 ~ 86 分）
B□
（85 ~ 76 分）
C□
（75 ~ 60 分）
D□
（60 分以下）</td></tr>
<tr><td colspan="3">尺寸标注完整，少一个扣 0.5 分</td><td>3</td><td></td></tr>
<tr><td colspan="3">技术要求不少于两点，少一个扣 1 分</td><td>3</td><td></td></tr>
<tr><td colspan="3">标题栏内容完整，少一个扣 0.5 分</td><td>3</td><td></td></tr>
<tr><td colspan="3">图线符合国家标准，粗、细实线不分扣 1 分</td><td>1</td><td></td></tr>
<tr><td rowspan="4">2</td><td colspan="2" rowspan="4">能正确操作铣床加工零件的各表面并保证尺寸精度、几何精度和表面质量（20 分）</td><td colspan="3">加工过程操作正确，做到安全文明生产</td><td>8</td><td></td></tr>
<tr><td colspan="3">保证尺寸精度</td><td>4</td><td></td></tr>
<tr><td colspan="3">保证几何精度</td><td>4</td><td></td></tr>
<tr><td colspan="3">保证表面质量</td><td>4</td><td></td></tr>
<tr><td rowspan="2">3</td><td colspan="2" rowspan="2">能正确操作铣床加工零件的型腔并保证尺寸精度、几何精度和表面质量（13 分）</td><td colspan="3">加工过程正确，做到安全文明生产</td><td>5</td><td></td></tr>
<tr><td colspan="3">保证尺寸精度、几何精度和表面质量</td><td>8</td><td></td></tr>
<tr><td rowspan="2">4</td><td colspan="2" rowspan="2">能正确使用中心钻、麻花钻及铰刀进行孔加工并保证尺寸精度、几何精度和表面质量（13 分）</td><td colspan="3">能正确使用中心钻、麻花钻及铰刀</td><td>5</td><td></td></tr>
<tr><td colspan="3">保证尺寸精度、几何精度和表面质量</td><td>8</td><td></td></tr>
<tr><td rowspan="2">5</td><td colspan="2" rowspan="2">能正确进行孔的配作并保证位置精度（15 分）</td><td colspan="3">能正确进行孔的配作</td><td>10</td><td></td></tr>
<tr><td colspan="3">能保证孔的位置精度</td><td>5</td><td></td></tr>
<tr><td rowspan="3">6</td><td colspan="2" rowspan="3">能正确选择工具、量具等进行加工及产品质量检测（20 分）</td><td colspan="3">能正确选择工具</td><td>6</td><td></td></tr>
<tr><td colspan="3">能正确选择量具</td><td>6</td><td></td></tr>
<tr><td colspan="3">能正确使用量具检测产品质量</td><td>8</td><td></td></tr>
<tr><td rowspan="3">7</td><td colspan="2" rowspan="3">能积极参加小组讨论，具有团队合作意识（小组长对成员打分）（4 分）</td><td colspan="3">参与积极性、合作意识好（得 4 分）</td><td rowspan="3">4</td><td rowspan="3"></td></tr>
<tr><td colspan="3">参与积极性、合作意识较好（得 3 分）</td></tr>
<tr><td colspan="3">参与积极性、合作意识一般（得 1 分）</td></tr>
<tr><td>小结
建议</td><td colspan="2"></td><td colspan="3">总得分</td><td colspan="3"></td></tr>
</table>

学习任务六　滑块的加工

学习目标

1. 能叙述车间和工作区的范围与限制，理解企业对环境、安全、卫生和事故的预防标准。

2. 能检查工作区、设备、工具、材料的状况和功能。

3. 能正确识读零件图，明确零件的形状、尺寸、表面粗糙度、几何公差和技术要求等信息，并能指出各信息的含义。

4. 能按照国家标准绘制滑块零件图。

5. 能识读滑块加工工艺卡，制定滑块加工方案。

6. 能合理选择选择工具、夹具、量具。

7. 能通过识读加工工序卡，正确装夹工件。

8. 能正确使用游标万能角度尺找正工件后钻斜孔。

9. 能规范使用铣床对滑块进行加工，并正确保养铣床。

10. 能规范使用磨床对精度要求较高的配合表面进行加工，并正确保养磨床。

11. 能规范使用游标卡尺检测台阶的尺寸与位置精度。

12. 能正确控制滑块台阶与斜孔的位置精度。

13. 能正确填写质量检测表，判断零件加工质量是否合格。

14. 能借助技术手册，查阅任务中毛坯材料及刀具材料的牌号、几何公差和切削用量等知识，理解技术手册在生产中的重要性。

15. 能按车间现场“7S”管理规定和产品工艺流程的要求，整理现场，正确放置工具、产品，对机床、工具进行维护与保养，并规范填写保养记录表。

16. 能与班组长、工具管理员等相关人员进行有效的沟通与合作，了解有效沟通和团队合作的重要性。

17. 能积极主动展示工作成果，对学习和工作过程中出现的问题进行反思和总结，优化加工方案和策略，具备知识迁移能力。

建议学时

60 学时。

学习任务描述

某校接到一项生产任务，要求以较低的生产成本协助制作某套注塑模具的侧向分型抽芯机构，工期为 10 天，经检验合格后交付客户使用。车间立即将任务分配给各生产小组，本组负责生产侧向分型抽芯机构的滑块。

学习工作流程

学习活动 1　接受工作任务，明确工作要求（6 学时）

学习活动 2　阅读加工工艺卡，明确加工步骤和方法（12 学时）

学习活动 3　滑块的加工及检验（36 学时）

学习活动 4　工作总结与评价（6 学时）

学习活动 1　接受工作任务，明确工作要求

学习目标

1. 能根据任务内容，绘制滑块零件图，正确叙述图样技术要求。

2. 能正确识读滑块零件图，明确滑块的形状、尺寸、表面粗糙度、几何公差、材料和技术要求等信息，并能指出各信息的含义。

3. 能正确叙述车间和工作区的范围与限制，理解企业对环境、安全、卫生和事故的预防标准。

4. 能借助技术手册，查阅任务中毛坯的材料牌号、几何公差和切削用量等知识，理解技术手册在生产中的重要性。

建议学时：6 学时。

学习过程

一、阅读生产任务单，明确工作任务

按照规定从生产主管处领取生产任务单（表 6–1），完成生产任务单的填写并签字确认。

表 6–1　　滑块生产任务单

单　　号：________________　　开单时间：_____年_____月_____日

开单部门：________________　　开 单 人：________________

接 单 人：_____部_____组_____　　签　　名：________________

以下由开单人填写			
产品名称	材料	数量	技术标准、质量要求
滑块	45 钢	6	按图样要求

续表

<table>
<tr><td>产品名称</td><td>材料</td><td>数量</td><td colspan="2">技术标准、质量要求</td></tr>
<tr><td>任务细则</td><td colspan="4">1. 到仓库领取相应的材料
2. 根据现场情况选用合适的工具、量具和设备
3. 根据加工工艺进行加工，交付检验
4. 填写生产任务单，清理工作场地，对工具、量具和设备进行维护与保养</td></tr>
<tr><td>任务类型</td><td colspan="2">铣削加工</td><td>完成工时</td><td>60 h</td></tr>
<tr><td>领取材料</td><td colspan="2"></td><td colspan="2" rowspan="2">仓库管理员（签名）

年　月　日</td></tr>
<tr><td>领取工具、量具</td><td colspan="2"></td></tr>
<tr><td>完成质量
（小组评价）</td><td colspan="2"></td><td colspan="2">班组长（签名）

年　月　日</td></tr>
<tr><td>用户意见
（教师评价）</td><td colspan="2"></td><td colspan="2">用户（签名）

年　月　日</td></tr>
<tr><td>改进措施
（反馈改良）</td><td colspan="4"></td></tr>
</table>

注：生产任务单与零件图、加工工艺卡一起领取。

1．根据表 6–1 滑块生产任务单，填写零件名称、材料、数量和完成时间。

零件名称：________________；材　　料：________________；

数　　量：________________；完成时间：________________。

2．查阅资料，明确滑块在侧向分型抽芯机构中的作用。

3．加工滑块的毛坯材料应具有怎样的性能才能满足滑块的功能要求？

二、分析零件图样

图 6–1 所示为滑块零件图。

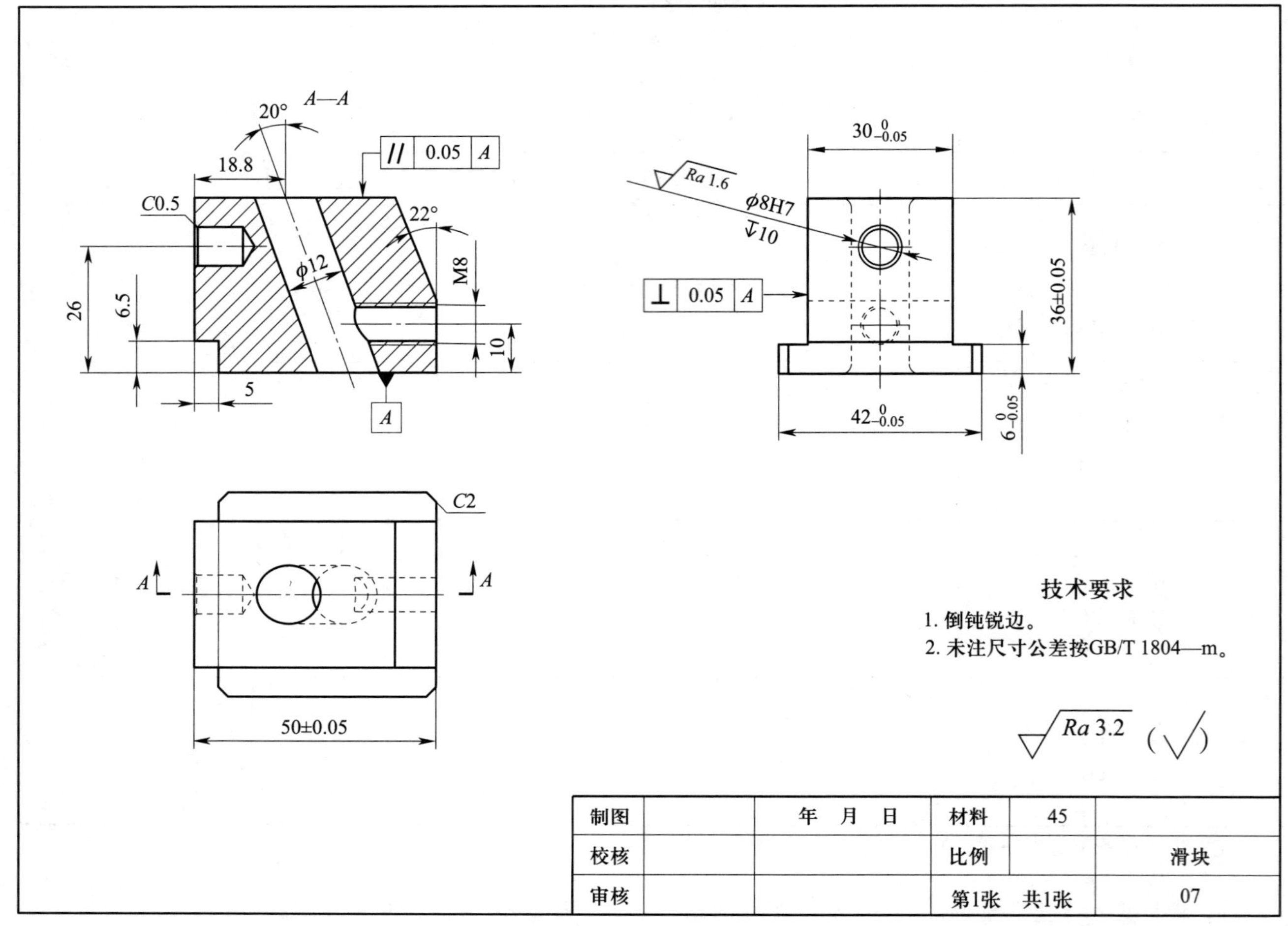

图 6–1 滑块零件图

1．图 6–1 使用了几个视图来表达零件的几何特性？各视图分别重点表达了滑块的哪些几何特性？

2．图 6–1 中主视图采用的是什么画法？该视图要结合俯视图中的__________一起看图？

3．图 6–1 中标注的尺寸“ϕ8H7”表示什么含义?

4．图 6–1 中尺寸（50±0.05）mm 的公差是多少?

5．图 6–1 中尺寸（36±0.05）mm 的公差是多少?

6．图 6–1 中尺寸 $42_{-0.05}^{\ 0}$ mm 的上极限尺寸和下极限尺寸分别是多少?这样标注尺寸的意义是什么?

7．图 6–1 中尺寸 $30_{-0.05}^{\ 0}$ mm 的公称尺寸是多少?上极限偏差和下极限偏差分别是多少?

8．图 6–1 中的符号“$\boxed{A}$”表示设计时在图样上所选定的基准，称为设计基准。查阅技术手册，简述此基准符号所代表的含义。

9．图 6–1 中除包含基本的尺寸信息外，还包含了平行度等几何公差信息，查阅技术手册，简述下列符号的具体含义。

（1）| ⊥ | 0.05 | A |：

（2）| // | 0.05 | A |：

10．将滑块的主要加工尺寸和几何公差要求填写在表 6–2 中。

表 6–2　　滑块主要加工尺寸和几何公差要求

序号	主要加工尺寸	几何公差等级或偏差范围
1		
2		
3		
4		
5		
6		
7		

三、绘制零件图

按照国家标准，在下方图框内正确绘制滑块零件图（可附图纸粘贴于此）。

学习活动 2　阅读加工工艺卡，明确加工步骤和方法

学习目标

1. 能正确识读加工工艺卡，明确加工步骤和方法。
2. 能按加工要求合理选择刀具、夹具、量具。
3. 能按照加工要求合理选择机床。
4. 能根据加工要求正确选择毛坯。

建议学时：12 学时。

学习过程

一、阅读加工工艺卡

阅读底座加工工艺卡（表 6–3），明确底座加工步骤和方法。

表 6–3　滑块加工工艺卡

（单位名称）			加工工艺卡	产品名称	滑块	图号			
				零件名称		数量		6	第　页
材料种类	45 钢	材料成分		毛坯尺寸		55 mm × 45 mm × 40 mm			共　页
工序	工步	工序名称	工序内容	车间	设备	工具		计划工时	实际工时
						量具、刃具	辅具		
1		铣台阶	用 ϕ12 mm 立铣刀粗铣台阶，留 0.1 ~ 0.2 mm 余量	铣工车间	铣床（X8126）	深度游标卡尺、外径千分尺、ϕ12 mm 立铣刀	机用虎钳		
2		铣斜面	将立铣头转过 22°，用 ϕ12 mm 立铣刀铣出斜面	铣工车间	铣床（X8126）	万能角度尺、ϕ12 mm 立铣刀	机用虎钳		
3		钻斜孔沉头	用游标万能角度尺找正工件，用 ϕ12 mm 键槽铣刀钻出斜孔沉头	铣工车间	铣床（X8126）	游标卡尺、ϕ12 mm 键槽铣刀	机用虎钳		

续表

工序	工步	工序名称	工序内容	车间	设备	工具		计划工时	实际工时
						量具、刃具	辅具		
4		钻斜孔中心孔	用 ϕ3 mm 中心钻钻出斜孔中心孔	铣工车间	铣床（X8126）	游标卡尺、ϕ3 mm 中心钻	机用虎钳		
5		钻斜孔	用 ϕ12 mm 麻花钻钻出斜孔	铣工车间	铣床（X8126）	游标卡尺、ϕ12 mm 麻花钻	机用虎钳		
6		铣外轮廓	用 ϕ12 mm 立铣刀铣出外轮廓	铣工车间	铣床（X8126）	外径千分尺、ϕ12 mm 立铣刀	机用虎钳		
7		划线钻 M8 螺纹底孔	用 ϕ6.8 mm 麻花钻钻螺纹底孔	钳工车间	台式钻床	游标卡尺、ϕ6.8 mm 麻花钻	精密平口钳		
8		攻螺纹	用 M8 丝锥手动攻螺纹	钳工车间	台虎钳	M8 丝锥、铰杆	精密平口钳		
9		ϕ8H7 孔与型腔镶块配作		钳工车间	台式钻床				
10		磨台阶面		磨工车间	磨床（M618）	外径千分尺、砂轮	精密平口钳、砂轮修整器、磁台		
11		倒角，去毛刺							
更改号				拟定		校正	审核	批准	
更改者									
日　期									

1．加工步骤的分析与确定

对照加工工艺卡，明确加工步骤，在表 6–4 中绘制加工工艺卡中各工序内容对应的工序简图。

表 6–4　　各工序对应工序简图

序号	工序	工序简图
1	铣台阶	
2	铣斜面	

续表

序号	工序	工序简图
3	钻斜孔沉头和中心孔	
4	钻斜孔	
5	铣外轮廓	
6	划线钻 M8 螺纹底孔	
7	攻螺纹	
8	磨台阶面	
9	倒角，去毛刺	

2．阅读加工工艺卡，确定加工滑块需要用到的机床，填入表 6–5 中。

表 6–5　加工滑块所用机床名称、型号及用途

序号	机床名称	机床型号	用途
1			
2			
3			

3．阅读加工工艺卡，确定加工滑块需要用到的工具、量具、夹具和刃具，分析选择的原因及其具体应用，填入表 6–6 中。

表 6–6　加工滑块所用工具、量具、夹具和刃具

序号	名称	规格	选择原因	应用	备注
1					
2					
3					
4					
5					
6					
7					
8					

二、设备、刃具和量具的准备

1．磨床

磨床是利用____对工件表面进行________的机床。磨削的原理是利用高速旋转的______等______加工工件表面的______。

（1）简述图 6–2 所示磨床的名称、型号及工作台大小。

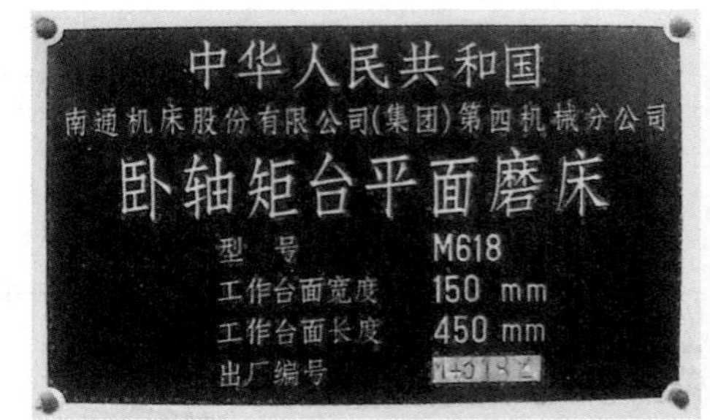

图 6–2　磨床铭牌

（2）简述图 6–3 所示 M618 型手摇磨床各部件的名称和主要用途，并完成表 6–7 的填写。

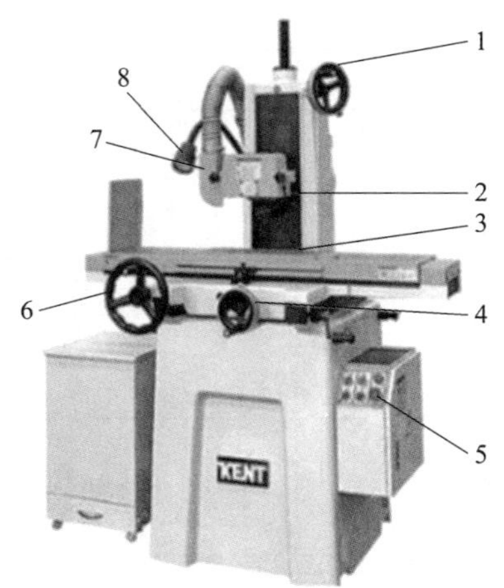

图 6–3　M618 型手摇磨床

表 6–7　M618 型手摇磨床各部件的名称和主要用途

序号	名称	主要用途
1		
2		
3		
4		
5		
6		
7		
8		

2．游标万能角度尺

（1）写出图 6–4 所示游标万能角度尺上各部分的名称。

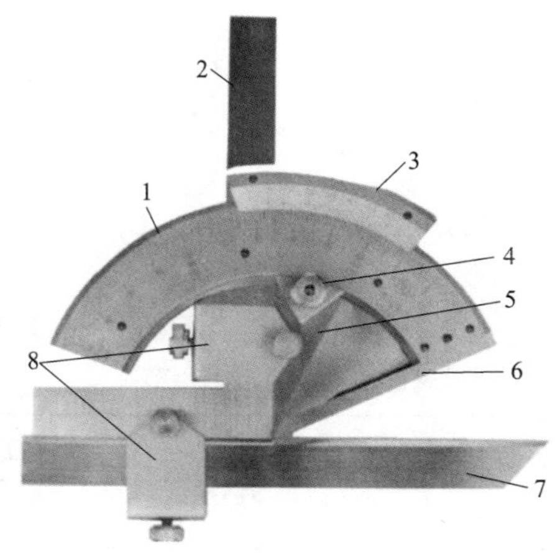

图 6–4　游标万能角度尺

1—____________；2—____________；3—____________；

4—____________；5—____________；6—____________；

7—____________；8—____________。

（2）简述游标万能角度尺的读数方法。

3．砂轮

（1）砂轮种类

按所用磨料不同，砂轮可分为________砂轮和________砂轮；按形状不同，砂轮可分为________、________、________、________、________等；按结合剂不同，砂轮可分为________、________、________、________等。

（2）砂轮结构三要素

如图 6–5 所示，砂轮由________、________和________三要素组成。

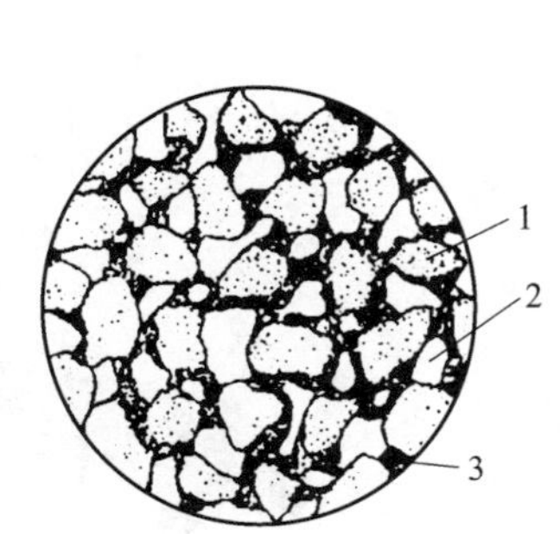

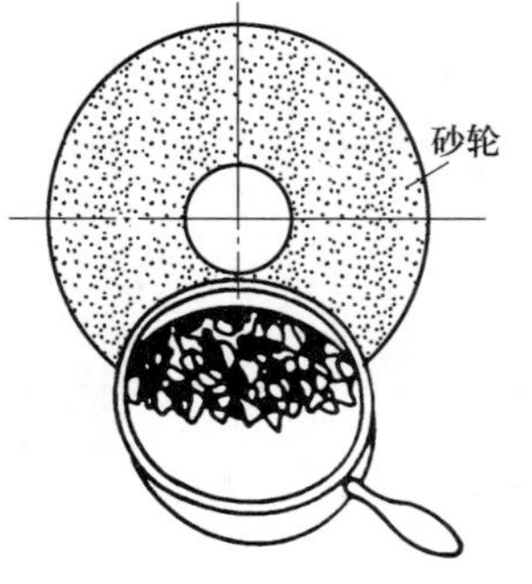

图 6–5　砂轮结构三要素

1—磨粒　2—气孔　3—结合剂

砂轮结构三要素的作用分别是什么?

（3）砂轮磨料

查阅资料，完成表 6–8 的填写。

表 6–8 砂轮磨料的特点及适用范围

磨料名称	代号	特点	适用范围
棕刚玉	A		
白刚玉	WA		
铬刚玉	PA		
单晶刚玉	SA		
微晶刚玉	MA		

（4）砂轮修整器

砂轮修整器是对砂轮的__________、__________、__________等进行修整的辅助工具。

简述以下 4 种砂轮修整器的特征。

1）万能砂轮修整器（图 6–6）

图 6–6 万能砂轮修整器

2）透视砂轮修整器（图 6–7）

图 6–7 透视砂轮修整器

3）砂轮厚度修整器（图 6–8）

图 6–8　砂轮厚度修整器

4）砂轮角度修整器（图 6–9）

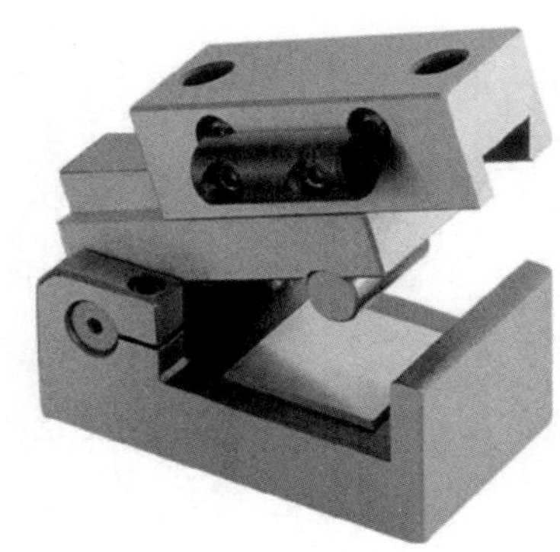

图 6–9　砂轮角度修整器

（5）砂轮静平衡

砂轮是由磨料和结合剂以适当的比例混合，经压制、干燥、烧结、整型、静平衡、硬度测定、最高工作线速度试验等一系列工序制成的。

1）一般直径大于__________mm 的砂轮都要进行静平衡，使砂轮的________与其________重合。

2）砂轮的不平衡主要是由砂轮的______ 和______不准确，使砂轮的重心与回转轴线不重合而引起的。

3）什么是削锐？什么情况下需要进行削锐？

（6）金刚石修刀笔有 3 种形式，如图 6–10 所示，平面磨削常用的金刚石修刀笔是________ 。

a)

b)

c)

图 6–10　金刚石修刀笔

a）方形　b）单点式　c）多点式

（7）图 6–11 所示为磁台，简述其特点及应用范围。

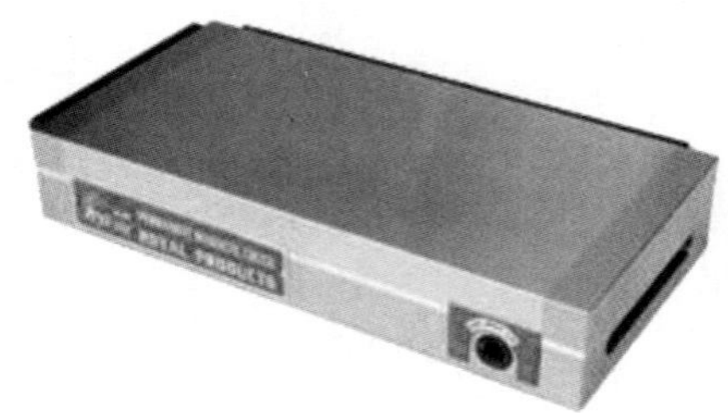

图 6–11　磁台

（8）结合图 6–12 所示精密平口虎钳结构示意图，简述精密平口虎钳使用注意事项。

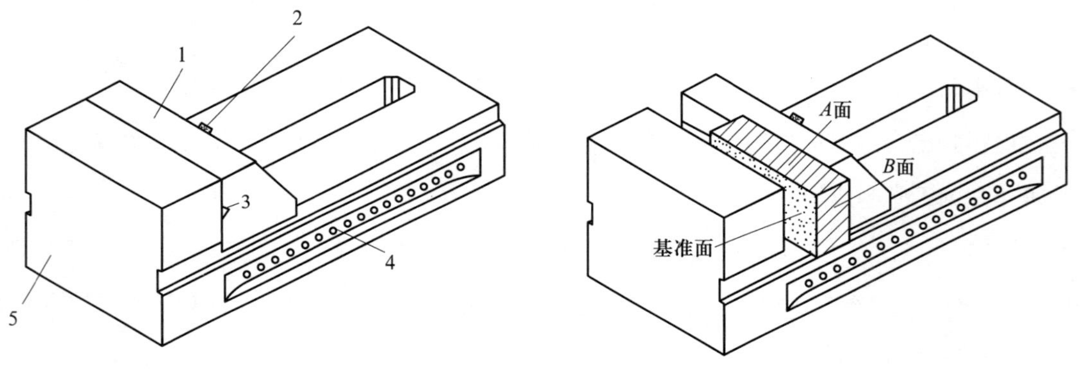

图 6–12　精密平口虎钳结构示意图

1—活动钳身　2—锁紧螺钉　3—V 形槽　4—定位销固定孔　5—固定钳身

三、确定切削用量

加工本任务的切削用量见表 6–9。

表 6–9　　滑块加工工序卡

<table>
<tr><td colspan="3">滑块加工工序卡</td><td>产品名称</td><td></td><td>零件名称</td><td>滑块</td><td>图号</td><td></td></tr>
<tr><td colspan="5" rowspan="8"></td><td>车间</td><td colspan="2">工序名称</td><td>材料牌号</td></tr>
<tr><td>铣工车间</td><td colspan="2">铣滑块</td><td></td></tr>
<tr><td>毛坯种类</td><td colspan="3">毛坯外形尺寸</td></tr>
<tr><td></td><td colspan="3">55 mm × 45 mm × 40 mm</td></tr>
<tr><td>设备名称</td><td colspan="2">设备型号</td><td>设备编号</td></tr>
<tr><td>普通铣床</td><td colspan="2">X8126</td><td></td></tr>
<tr><td colspan="3">夹具名称</td><td>切削液</td></tr>
<tr><td colspan="3">机用虎钳</td><td>乳化液</td></tr>
<tr><td>工步号</td><td colspan="3">内容</td><td>刀具</td><td>主轴转速 /（r/min）</td><td colspan="2">进给量 /（mm/r）</td><td>铣削深度 /mm</td></tr>
<tr><td>1</td><td colspan="3">铣台阶：用 ϕ12 mm 立铣刀粗铣台阶，留 0.1 ~ 0.2 mm 余量</td><td>ϕ12 mm 立铣刀</td><td>420 ~ 600</td><td colspan="2">60 ~ 80</td><td>2</td></tr>
<tr><td>2</td><td colspan="3">铣斜面：将立铣头转过 22°，用 ϕ12 mm 立铣刀铣出斜面</td><td>ϕ12 mm 立铣刀</td><td>420 ~ 600</td><td colspan="2">60 ~ 80</td><td>2</td></tr>
<tr><td>3</td><td colspan="3">钻斜孔沉头：用游标万能角度尺找正工件，用 ϕ12 mm 键槽铣刀钻出斜孔沉头</td><td>ϕ12 mm 键槽铣刀</td><td>420 ~ 600</td><td colspan="2">15 ~ 25</td><td>1</td></tr>
<tr><td>4</td><td colspan="3">钻斜孔中心孔：用 ϕ3 mm 中心钻钻出斜孔中心孔</td><td>ϕ3 mm 中心钻</td><td>600 ~ 800</td><td colspan="2">20 ~ 30</td><td>2</td></tr>
<tr><td>5</td><td colspan="3">钻斜孔：用 ϕ12 mm 麻花钻钻出斜孔</td><td>ϕ12 mm 麻花钻</td><td>420 ~ 600</td><td colspan="2">20 ~ 30</td><td>2</td></tr>
<tr><td>6</td><td colspan="3">铣外轮廓：用 ϕ12 mm 立铣刀铣出外轮廓</td><td>ϕ12 mm 立铣刀</td><td>420 ~ 600</td><td colspan="2">60 ~ 80</td><td>2</td></tr>
</table>

学习活动 3　滑块的加工及检验

学习目标

1. 能正确装夹工件并进行校正。

2. 能规范使用铣床对滑块进行加工，并能正确保养铣床。

3. 能规范使用磨床对精度要求较高的配合表面进行加工，并能正确保养磨床。

4. 能正确使用游标万能角度尺找正工件。

5. 能依据加工工艺卡要求完成零件的加工。

6. 能正确使用外径千分尺、百分表检测台阶的尺寸与位置精度。

7. 能正确控制滑块台阶与斜孔的位置精度。

8. 能正确填写质量检测表，判断零件是否合格。

9. 能按车间现场“7S”管理规定和产品工艺流程的要求，整理现场，正确放置工具、产品，对机床、工具进行维护与保养，并规范填写保养记录表。

建议学时：36 学时。

学习过程

一、滑块的加工

1．领料

按照填写好的生产任务单（或领料单），分小组从指导教师处领取毛坯和相应的辅具，并检查是否能用和够用。

2．加工前准备

铣斜面有多种方式，例如，将工件按所需角度倾斜后装夹铣斜面、用倾斜垫铁装夹工件铣斜面、用机用虎钳装夹工件铣斜面和倾斜铣刀铣斜面等。在加工中可以根据设备的具体情况来选择，本任务中选用倾斜铣刀铣斜面，因此，工件可以直接装夹，并按照前面铣削加工的找正方法找正。

3．零件加工

（1）倾斜铣刀铣斜面

1）如图 6–13 所示，在立铣头能回转的立式铣床上用面铣刀铣斜面，若立铣头的主轴倾斜一个角度 α，那么面铣刀也倾斜一个角度 α。

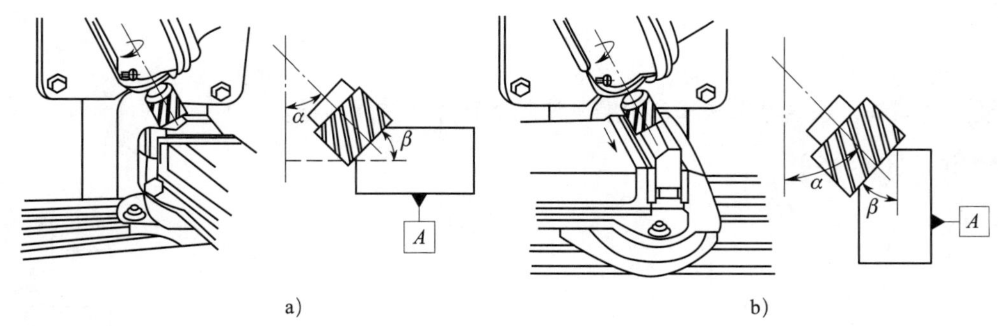

图 6–13　用面铣刀铣斜面

a）工件基准面与工作台面平行（立铣头倾斜角度 $\alpha=\beta$）

b）工件基准面与工作台面垂直（立铣头倾斜角度 $\alpha=90°-\beta$）

2）如图 6–14 所示，用立铣刀的圆柱面切削刃铣斜面，立铣刀与面铣刀相比，一般直径较小而长度较长，因此，通常都以__________来铣斜面。

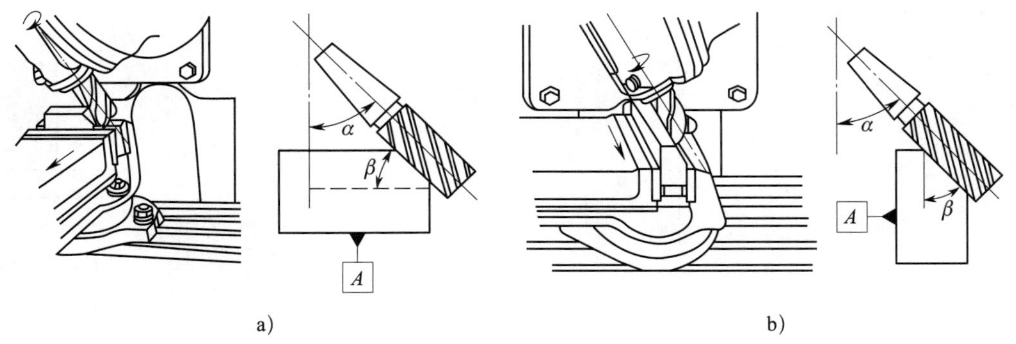

图 6–14　用立铣刀铣斜面

a）工件基准面与工作台面平行（立铣头倾斜角度 $\alpha=90°-\beta$）

b）工件基准面与工作台面垂直（立铣头倾斜角度 $\alpha=\beta$）

3）加工滑块斜面的具体操作

首先将立铣头转过________（角度）并固定，再将滑块夹持______mm 进行装夹，最后通过调整铣削深度，将斜面铣削至尺寸。

（2）台阶的磨削加工

1）磨削加工运动可以分为主运动和进给运动两大类。分别简述主运动和进给运动的定义和特点。

2）简述横向磨削法、深度磨削法和台阶磨削法的优缺点及注意事项。

①横向磨削法（图 6–15）:

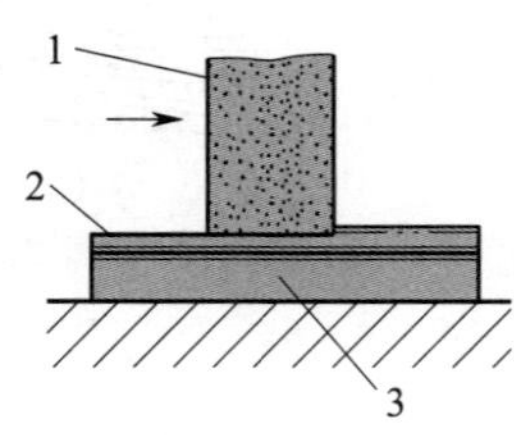

图 6–15 横向磨削法

1—砂轮 2—工件 3—电磁吸盘

②深度磨削法（图 6–16）:

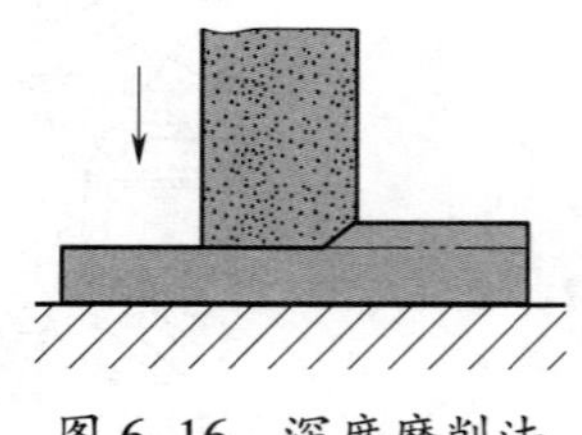

图 6–16 深度磨削法

③台阶磨削法（图 6–17）:

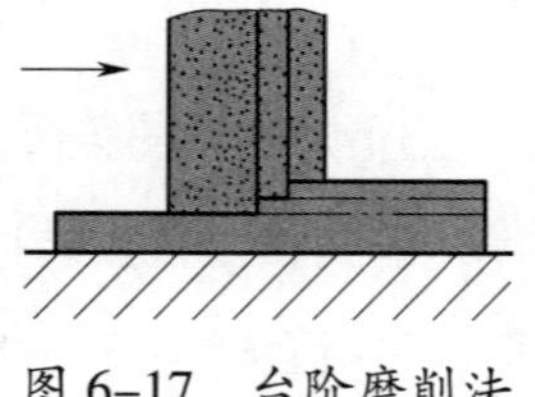

图 6–17 台阶磨削法

3）砂轮外圆表面上任意一磨粒相对于待加工表面在主运动方向的瞬时速度称为圆周速度，用 v_s 表示，单位为 m/s，计算公式为：

$$v_s=\frac{\pi D_s n}{1\ 000}$$

式中　v_s——砂轮圆周速度，m/s；

D_s——砂轮直径，mm；

n——砂轮转速，r/min。

根据上式计算出表 6–10 中砂轮的圆周速度。

表 6–10　砂轮转速、直径和圆周速度的关系

序号	砂轮转速 /（r/min）	砂轮直径 /mm	砂轮圆周速度 /（m/s）
1	2 000	170	
2	2 500	150	
3	2 800	180	

（3）砂轮的修整

根据图 6–18 所示，简述砂轮侧面的修整方法。

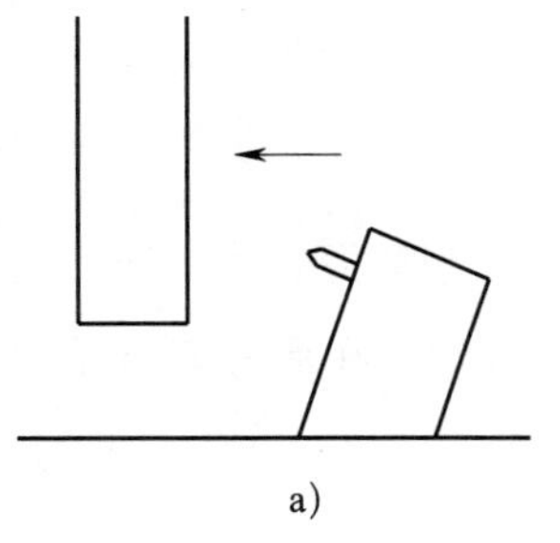

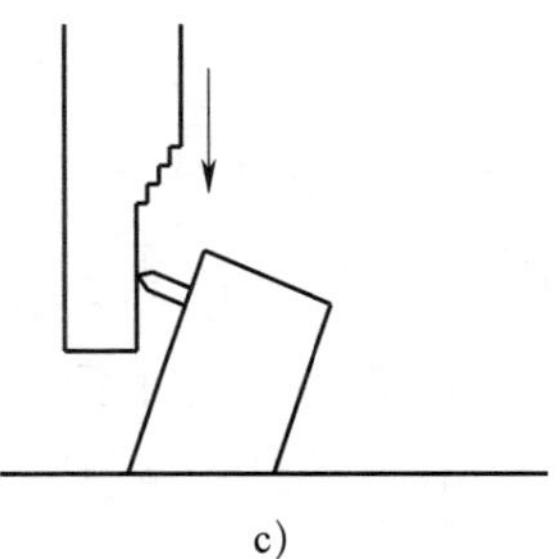

a)　b)　c)

图 6–18　砂轮侧面的修整

a）对刀　b）粗修　c）精修

1）修整砂轮侧面，粗修时砂轮的转速范围控制在________r/min，砂轮横向移动量控制在______mm；精修时砂轮的转速范围控制在________r/min，砂轮横向移动量控制在________mm。

2）在台阶粗加工中，当台阶底面很长时，即当 $L\geqslant$________mm 时，用________砂轮粗磨；台阶底面长度 $L\leqslant$________mm 时，用________或________砂轮粗磨。

3）砂轮磨削参数见表 6–11。

表 6–11 砂轮磨削参数

类别	砂轮	转速 /（r/min）	进给量 /（mm/r）	进刀速度	余量	备注
台阶粗磨	46 K	3 000 ~ 3 300	0.01 ~ 0.02	匀速	侧面留余量 0.08 ~ 0.15 mm，底部留余量 0.02 ~ 0.03 mm	$L \geq 13.5$ mm
台阶粗磨	60 K 或 80 K	3 000 ~ 3 300	0.01 ~ 0.02	匀速	侧面留余量 0.08 ~ 0.15 mm，底部留余量 0.02 ~ 0.03 mm	$L \leq 13.5$ mm
台阶精磨	100 K、120 K、180 K	3 000 ~ 3 300	0.002 ~ 0.01	匀速	加工至图样尺寸	加工侧面
台阶精磨	100 K、120 K、180 K	1 800 ~ 2 400	0.001 ~ 0.002	匀速	加工至图样尺寸	加工底面

注：表中 K 表示砂轮的硬度，即结合剂对磨料的黏结力，K 级为软。

根据表 6–11 砂轮磨削参数，简述粗磨、精磨的优点和意义。

（4）滑块台阶粗磨步骤

砂轮修整好后，将工件装夹于__________上。靠板沿上下方向对刀，将数显归零，将________移到所需加工的尺寸处。向下粗磨至底面剩 0.1 mm 余量时，多次加注切削液，冷却后缓慢进刀至设定值，最终保证底部所留余量__________。

（5）滑块台阶精磨步骤

精磨砂轮修整好后，将工件装夹于________上。靠板对刀后将数显归零，再将________移至所需加工位置处。在所需加工工件的________对刀，向下磨至所需位置。

（6）图 6–19 所示为台阶内侧面磨削，简述台阶底面表面粗糙度不合格的原因及解决方法。

图 6–19 台阶内侧面磨削

4．清理现场，归置物品

（1）良好的工作习惯是在工作过程中有意识地养成的，这一点对于一名具有良好职业素养的高技能人才而言尤其重要。在每天的学习和实训工作中，你是如何做好整理工作台、合理及整齐放置工具和量具、日常维护与保养设备等工作的?

（2）本任务所用量具的日常维护与保养包括哪些工作?

二、滑块的检测

检测所加工的滑块是否合格，并完成表 6-12 的填写。

表 6-12　　滑块质量评价表

工件编号		配分	项目与技术要求	评分标准	检测记录	得分
序号	名称					
1	主要尺寸（55 分）	10	（50 ± 0.05）mm	每超差 0.01 mm 扣 1 分		
2		10	（36 ± 0.05）mm	每超差 0.01 mm 扣 1 分		
3		10	$42_{-0.05}^{0}$ mm	每超差 0.01 mm 扣 1 分		
4		5	$30_{-0.05}^{0}$ mm	每超差 0.01 mm 扣 1 分		
5		5	$6_{-0.05}^{0}$ mm	每超差 0.01 mm 扣 1 分		
6		5	ϕ12 mm	每超差 0.01 mm 扣 1 分		
7		10	M8、ϕ8H7	超差不得分		
8	次要尺寸（20 分）	5	斜面 22°	超差不得分		
9		5	斜孔 20°	超差不得分		
10		5	// 0.05 A	每超差 0.01 mm 扣 1 分		
11		5	⊥ 0.05 A	每超差 0.01 mm 扣 1 分		
12	表面粗糙度（5 分）	3	$Ra \leqslant 1.6$ μm	降级不得分		
13		2	$Ra \leqslant 3.2$ μm	降级不得分		

续表

工件编号		配分	项目与技术要求	评分标准	检测记录	得分
序号	名称					
14	主观评分（10 分）	4	已加工零件倒角、倒圆、去毛刺是否符合图样要求			
15		4	已加工零件是否有划伤、碰伤和夹伤			
16		2	已加工零件与图样要求的一致性			
17	更换毛坯（10 分）	10	是否更换毛坯	是 / 否		
18	职业素养	扣分	能正确穿戴工作服、工作鞋、安全帽等劳动防护用品。每违反一项扣 2 分			
19			能按机床使用规范正确进行开关机、对刀等基本操作。每误操作一次扣 2 分			
20			能规范使用及保养工具、量具和辅具。每违规操作一次扣 2 分			
21			能做好设备清洁、保养工作。不清洁、不保养扣 3 分；保养不彻底扣 2 分			
总配分			100	总得分		

学习活动 4　工作总结与评价

学习目标

1. 能自信地展示自己的作品，讲述自己作品的优势和特点。

2. 能与班组长、工具管理员等相关人员进行有效的沟通与合作，了解有效沟通和团队合作的重要性。

3. 能积极主动展示工作成果，对学习和工作过程中出现的问题进行反思和总结，优化加工方案和策略，具备知识迁移能力。

建议学时：6 学时。

学习过程

一、作品展示

以小组为单位派出代表介绍自己小组的优秀作品，通过作品展示，锻炼每一位小组成员的表达能力，同时提升自己的专业素养。

1．选出组内评价较高的作品进行展示，并就作品的实用性、工艺性和产品质量等内容做必要介绍，听取并记录其他小组对本组作品的评价和改进建议。

（1）实用性：

（2）工艺性：

（3）产品质量

1）尺寸精度：

2）几何精度：

3）表面粗糙度：

2．所展示的作品中有哪些部位存在尺寸缺陷和表面质量缺陷？简要分析是什么原因导致的，并总结出避免质量缺陷的加工建议。

（1）质量缺陷

1）尺寸缺陷：

2）表面质量缺陷：

（2）简要分析造成质量缺陷的原因。

（3）在加工过程中应注意哪些事项?

二、总结滑块加工的心得体会

1．本任务包括哪些铣削、磨削应用的相关知识?

2．本任务在绘图方面的能力要求有哪些?

3．按照本任务加工工艺卡给定的加工顺序进行加工，对保障产品精度和质量有哪些意义? 若变更加工顺序会产生怎样的影响?

4．简述生产企业在每次执行新的加工任务前，制定详细的工艺方案和工作计划的理由。

三、加工成本估算

1．总结加工工序、工时，进行简单的成本估算，并完成表 6–13 的填写。

表 6–13 成本估算表

序号	加工内容	预计工时	成本测算项目			成本估算值
			设备	能源	辅料	
1						
2						
3						
4						
5						
6						
7						
8						
9						
10						

2．在估算滑块的生产成本时，是否需要考虑人工费、管理费和税费？如果要计算人工费、管理费和税费，滑块的成本应如何估算？请重新估算后把追加的成本因素写下来。

四、评价与分析

对本任务进行评价与分析，并完成表 6–14 的填写。

表 6–14　　学习任务评价表

<table>
<tr><td>班级</td><td></td><td>姓名</td><td></td><td>学号</td><td></td><td>日期</td><td colspan="2">年　月　日</td></tr>
<tr><td colspan="9">评分标准</td></tr>
<tr><td>序号</td><td colspan="2">评价内容</td><td colspan="3">评分细则</td><td>配分</td><td>得分</td><td>总评</td></tr>
<tr><td rowspan="5">1</td><td colspan="2" rowspan="5">能绘制滑块零件图（15 分）</td><td colspan="3">各零件表达完整，少一个扣 0.5 分</td><td>5</td><td></td><td rowspan="22">A□
（100 ~ 86 分）
B□
（85 ~ 76 分）
C□
（75 ~ 60 分）
D□
（60 分以下）</td></tr>
<tr><td colspan="3">尺寸标注完整，少一个扣 0.5 分</td><td>3</td><td></td></tr>
<tr><td colspan="3">技术要求不少于两点，少一个扣 1 分</td><td>3</td><td></td></tr>
<tr><td colspan="3">标题栏内容完整，少一个扣 0.5 分</td><td>3</td><td></td></tr>
<tr><td colspan="3">图线符合国家标准，粗、细实线不分扣 1 分</td><td>1</td><td></td></tr>
<tr><td rowspan="4">2</td><td colspan="2" rowspan="4">能正确操作铣床加工零件的各表面并保证尺寸精度、几何精度和表面质量（15 分）</td><td colspan="3">加工过程操作正确，做到安全文明生产</td><td>6</td><td></td></tr>
<tr><td colspan="3">保证尺寸精度</td><td>3</td><td></td></tr>
<tr><td colspan="3">保证几何精度</td><td>3</td><td></td></tr>
<tr><td colspan="3">保证表面质量</td><td>3</td><td></td></tr>
<tr><td rowspan="2">3</td><td colspan="2" rowspan="2">能正确操作磨床磨平面并保证尺寸精度、几何精度和表面质量（10 分）</td><td colspan="3">加工过程正确，做到安全文明生产</td><td>5</td><td></td></tr>
<tr><td colspan="3">保证尺寸精度、几何精度和表面质量</td><td>5</td><td></td></tr>
<tr><td rowspan="2">4</td><td colspan="2" rowspan="2">能正确使用铣床进行斜孔、斜面的加工并保证尺寸精度、几何精度和表面质量（10 分）</td><td colspan="3">能正确操作铣床</td><td>5</td><td></td></tr>
<tr><td colspan="3">能保证斜面、斜孔的倾斜角度</td><td>5</td><td></td></tr>
<tr><td rowspan="2">5</td><td colspan="2" rowspan="2">能用麻花钻、丝锥等工具加工螺纹并保证位置精度（10 分）</td><td colspan="3">能正确使用麻花钻、丝锥等工具加工螺纹</td><td>5</td><td></td></tr>
<tr><td colspan="3">能保证位置精度</td><td>5</td><td></td></tr>
<tr><td rowspan="2">6</td><td colspan="2" rowspan="2">能进行孔的配作并保证其位置精度（10 分）</td><td colspan="3">能正确进行孔的配作</td><td>5</td><td></td></tr>
<tr><td colspan="3">能保证孔的位置精度</td><td>5</td><td></td></tr>
<tr><td rowspan="3">7</td><td colspan="2" rowspan="3">能正确选择工具、量具等进行加工及产品质量检测（20 分）</td><td colspan="3">能正确选择工具</td><td>6</td><td></td></tr>
<tr><td colspan="3">能正确选择量具</td><td>6</td><td></td></tr>
<tr><td colspan="3">能正确使用量具检测产品质量</td><td>8</td><td></td></tr>
<tr><td rowspan="3">8</td><td colspan="2" rowspan="3">能积极参加小组讨论，具有团队合作意识（小组长对成员打分）（10 分）</td><td colspan="3">参与积极性、合作意识好（得 10 分）</td><td rowspan="3">10</td><td rowspan="3"></td></tr>
<tr><td colspan="3">参与积极性、合作意识较好（得 6 分）</td></tr>
<tr><td colspan="3">参与积极性、合作意识一般（得 4 分）</td></tr>
<tr><td>小结
建议</td><td colspan="2"></td><td colspan="3">总得分</td><td colspan="3"></td></tr>
</table>

学习任务七　侧向分型抽芯机构的装配

学习目标

1. 能叙述车间和工作区的范围与限制，理解企业对环境、安全、卫生和事故的预防标准。

2. 能检查工作区、设备、工具、材料的状况和功能。

3. 能识读侧向分型抽芯机构装配图，并叙述各零件之间的配合关系。

4. 能识读侧向分型抽芯机构装配图，并叙述侧向分型抽芯机构的装配要求。

5. 能按照国家标准绘制侧向分型抽芯机构装配图。

6. 能识读侧向分型抽芯机构装配工艺卡，写出装配步骤。

7. 能根据侧向分型抽芯机构的装配要求，正确选择和使用装配工具。

8. 能根据侧向分型抽芯机构的装配要求，正确选择装配方法。

9. 能掌握装配工具的使用方法。

10. 能说明装配工具使用时的注意事项。

11. 能根据侧向分型抽芯机构的装配步骤完成侧向分型抽芯机构的装配。

12. 能借助技术手册，查阅任务中几何公差和切削用量等知识，理解技术手册在生产中的重要性。

13. 能按车间现场“7S”管理规定和产品工艺流程的要求，整理现场，正确放置工具、产品，对机床、工具进行维护与保养，并规范填写保养记录表。

14. 能与班组长、工具管理员等相关人员进行有效的沟通与合作，了解有效沟通和团队合作的重要性。

15. 能积极主动展示工作成果，对学习和工作过程中出现的问题进行反思总结，优化加工方案和策略，具备知识迁移能力。

建议学时

60 学时。

学习任务描述

某校接到一项生产任务，要求以较低的生产成本协助制作某套注塑模具的侧向分型抽芯机构，工期为10天，经检验合格后交付客户使用。车间立即将任务分配给各生产小组，本组负责侧向分型抽芯机构的装配。

学习工作流程

学习活动1　接受工作任务，明确工作要求（6学时）

学习活动2　阅读装配工艺卡，明确装配步骤和方法（12学时）

学习活动3　侧向分型抽芯机构的装配及检验（36学时）

学习活动4　工作总结与评价（6学时）

学习活动 1　接受工作任务，明确工作要求

学习目标

1. 能识读侧向分型抽芯机构装配图，并叙述各零件之间的配合关系。

2. 能识读侧向分型抽芯机构装配图，并叙述侧向分型抽芯机构装配要求。

3. 能按照国家标准绘制侧向分型抽芯机构装配图。

4. 能叙述车间和工作区的范围与限制，理解企业对环境、安全、卫生和事故的预防标准。

5. 能借助技术手册，查阅任务中几何公差和切削用量等知识，理解技术手册在生产中的重要性。

建议学时：6 学时。

学习过程

一、阅读装配任务单，明确工作任务

按照规定从生产主管处领取装配任务单（表 7–1），完成装配任务单的填写并签字确认。

表 7–1　　装配任务单

单　　号：＿＿＿＿＿＿＿＿　　开单时间：＿＿年＿＿月＿＿日
开单部门：＿＿＿＿＿＿＿＿　　开 单 人：＿＿＿＿＿＿＿＿
接 单 人：＿＿部＿＿组＿＿　　签　　名：＿＿＿＿＿＿＿＿

以下由开单人填写

产品名称	材料	数量	技术标准、质量要求
侧向分型抽芯机构			

续表

<table>
<tr><td colspan="2">产品名称</td><td>材料</td><td>数量</td><td colspan="2">技术标准、质量要求</td></tr>
<tr><td colspan="2">任务细则</td><td colspan="4">1．到仓库领取加工好的零件
2．根据现场情况选用合适的工具、量具和设备
3．根据装配工艺进行装配，交付检验
4．填写装配任务单，清理工作场地，对工具、量具和设备进行维护与保养</td></tr>
<tr><td colspan="2">任务类型</td><td colspan="2">装配</td><td>完成工时</td><td>60 h</td></tr>
<tr><td>领取零件</td><td colspan="3"></td><td colspan="2" rowspan="2">仓库管理员（签名）

年　月　日</td></tr>
<tr><td>领取工具、量具</td><td colspan="3"></td></tr>
<tr><td>完成质量
（小组评价）</td><td colspan="3"></td><td colspan="2">班组长（签名）

年　月　日</td></tr>
<tr><td>用户意见
（教师评价）</td><td colspan="3"></td><td colspan="2">用户（签名）

年　月　日</td></tr>
<tr><td>改进措施
（反馈改良）</td><td colspan="5"></td></tr>
</table>

注：装配任务单与装配图、装配工艺卡一起领取。

1．查阅资料，明确侧向分型抽芯机构在模具中的作用。

2．侧向分型抽芯机构的材料应具有怎样的性能才能满足其功能要求？

二、分析装配图样

图 7-1 所示为侧向分型抽芯机构装配图。

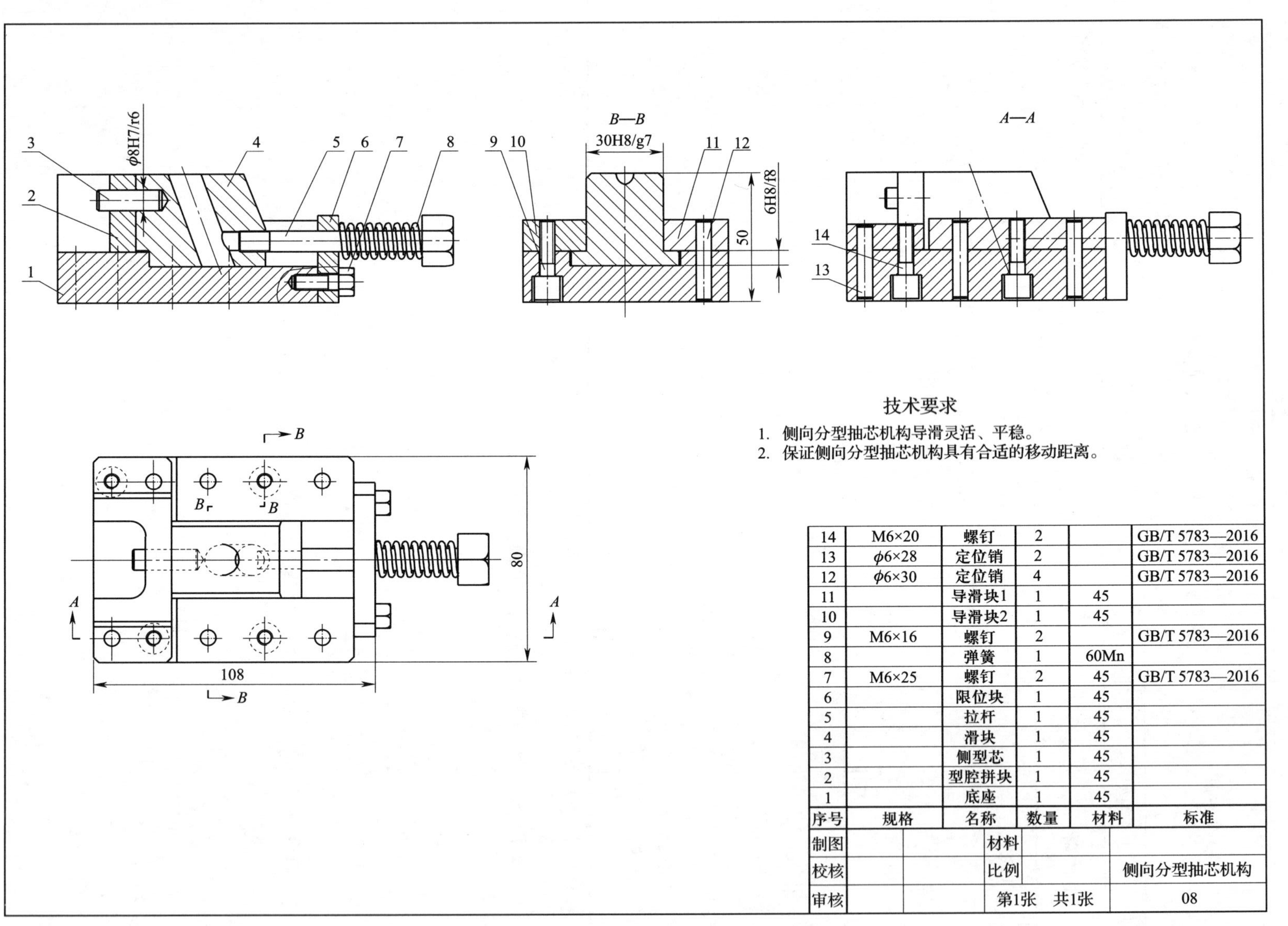

序号	规格	名称	数量	材料	标准
14	M6×20	螺钉	2		GB/T 5783—2016
13	φ6×28	定位销	2		GB/T 5783—2016
12	φ6×30	定位销	4		GB/T 5783—2016
11		导滑块1	1	45	
10		导滑块2	1	45	
9	M6×16	螺钉	2		GB/T 5783—2016
8		弹簧	1	60Mn	
7	M6×25	螺钉	2	45	GB/T 5783—2016
6		限位块	1	45	
5		拉杆	1	45	
4		滑块	1	45	
3		侧型芯	1	45	
2		型腔拼块	1	45	
1		底座	1	45	

制图			材料		
校核			比例		侧向分型抽芯机构
审核			第1张　共1张		08

图 7-1　侧向分型抽芯机构装配图

1．侧向分型抽芯机构装配图（图 7–1）使用了几个视图来表达零件的装配关系？各视图分别重点表达了侧向分型抽芯机构的哪些装配关系？

2．图 7–1 中标注的尺寸“ϕ 8H7/r6”表示什么含义？

3．图 7–1 中标注的尺寸“30H8/g7”表示什么含义？

4．图 7–1 中标注的尺寸“6H8/f8”表示什么含义？

三、绘制装配图

按照国家标准，在下方图框内正确绘制侧向分型抽芯机构装配图（可附图纸粘贴于此）。

学习活动 2　阅读装配工艺卡，明确装配步骤和方法

学习目标

1. 能正确识读侧向分型抽芯机构装配工艺卡，写出装配步骤。

2. 能根据侧向分型抽芯机构的装配要求，正确选择和使用装配工具。

3. 能根据侧向分型抽芯机构的装配要求，正确选择装配方法。

建议学时：12 学时。

学习过程

一、阅读装配工艺卡

阅读侧向分型抽芯机构装配工艺卡（表 7–2），明确装配步骤和方法。

表 7–2　侧向分型抽芯机构装配工艺卡

产品名称				模具名称			
产品代号				模具代号			
装配号	装配名称	装配内容	工具	量具	检测	定额	检验
侧向分型抽芯机构装配	侧向分型抽芯机构的装配	1. 导滑部分装配 （1）将底座的底面放在等高块上，擦净配合面，涂上机油后将侧向分型抽芯机构的配合部分放入底座槽内。保证侧向分型抽芯机构导滑块运动灵活、平稳	等高块、刷子、铜棒、内六角扳手	角尺 平板			

续表

装配号	装配名称	装配内容	工具	量具	检测	定额	检验
侧向分型抽芯机构装配	侧向分型抽芯机构的装配	（2）将侧向分型抽芯机构的底面放在底座上，擦净配合面，涂上机油后，将销钉孔对齐，放入销钉并用铜锤敲紧。保证侧向分型抽芯机构导滑块运动灵活、平稳 2. 型腔拼块与底座的装配 将型腔拼块的底面放在底座上，擦净配合面，涂上机油后，将销钉孔对齐，放入销钉并用铜锤敲紧。保证侧向分型抽芯机构导滑块运动灵活、平稳 3. 限位部分装配 （1）用内六角扳手将两个紧固的短螺钉旋紧至限位块不会松动 （2）将长螺钉穿过弹簧和限位块，旋入侧向分型抽芯机构内，并调节弹簧预紧力，使侧向分型抽芯机构获得合适的移动距离	等高块、刷子、铜棒、内六角扳手	角尺 平板			
工艺编制		审核		批准		日期	

1．装配步骤的分析与确定

对照装配工艺卡，明确装配步骤，在表 7–3 中绘制装配工艺卡中各装配内容对应的工序简图。

表 7–3　　各装配内容对应工序简图

序号	装配内容	工序简图
1	导滑部分装配	

续表

序号	装配内容	工序简图
2	型腔拼块与底座的装配	
3	限位部分装配	

2．侧向分型抽芯机构的装配内容

侧向分型抽芯机构装配中的主要工作是______________________的装配。

侧向型芯的装配一般是在______________和______________的装配后，再装配侧向分型抽芯机构上的______________。

具体装配内容如下。

圆形侧向型芯的装配有两种方式，一是根据型腔侧向孔的中心位置测量出______和______，如图 7–2a 所示。在侧向分型抽芯机构上划线，加工型芯装配孔，并装配型芯。二是以____________为基准，利用压印工具对__________压印，如图 7–2b 所示。然后以________为基准加工型芯配合孔后再装入型芯。装配时，应保证型芯和型腔侧向孔的配合精度，装配结构图如图 7–2c 所示。

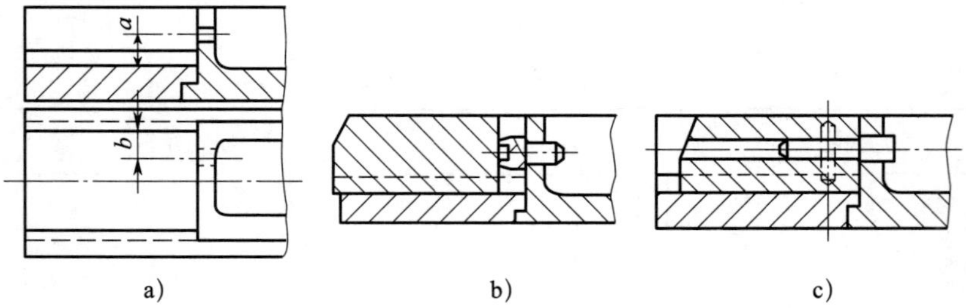

a)　　b)　　c)

图 7–2　型芯与型腔侧向孔的配合

对非圆形型芯可采用在侧向分型抽芯机构上先装配留有加工余量的_____，然后对____________进行压印，修磨型芯，以保证配合精度。

同理，在型腔侧向孔的硬度不高，可以修磨加工的情况下，也可在________侧向孔留修磨余量，以________对型腔侧向孔压印，修磨____________，达到配合要求，如图 7–3 所示。

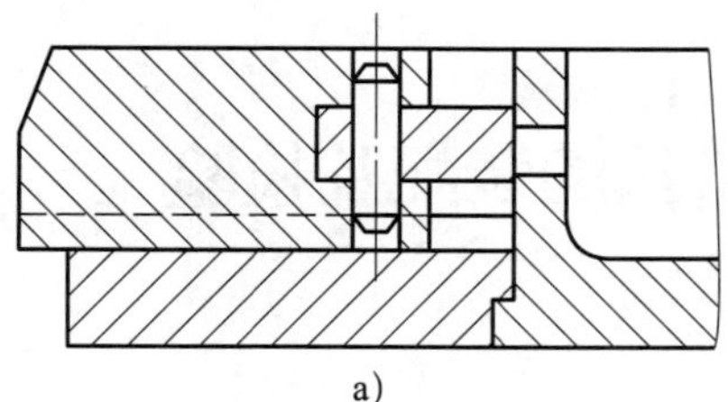
a)

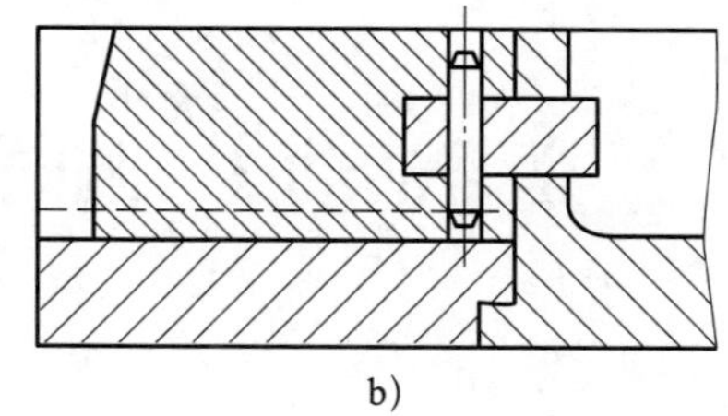
b)

图 7–3　型腔侧向孔修磨余量

二、工具的准备

根据装配工艺卡，确定本次装配任务所选择的工具，分析选择的原因及具体应用，并完成表 7–4 的填写。

表 7–4　装配侧向分型抽芯机构装配所选择的工具

序号	名称	规格	选择原因	应用	备注
1					
2					
3					

学习活动 3　侧向分型抽芯机构的装配及检验

学习目标

1. 能掌握装配工具的使用方法。

2. 能正确叙述装配工具使用时的注意事项。

3. 能根据侧向分型抽芯机构的装配步骤完成抽芯机构的装配。

4. 能按车间现场“7S”管理规定和产品工艺流程的要求，整理现场，正确放置工具、产品，对机床、工具进行维护与保养，并规范填写保养记录表。

建议学时：36 学时。

学习过程

一、侧向分型抽芯机构的装配

1．领料

按照填写好的装配任务单，分小组从指导教师处领取相应的辅具，并检查是否能用和够用。

2．按照装配工艺卡进行装配

（1）侧向分型抽芯机构的定位与复位

图 7–4a 所示为用________的定位，侧向分型抽芯机构复位的正确位置可由________得到。如图 7–4b 所示，侧向分型抽芯机构复位用________定位时，一般在装配中需在侧向分型抽芯机构上配钻滚珠定位锥窝，以达到正确定位的目的。

（2）锁紧块的装配

模具闭合后，为保证______和________之间有一定的锁紧力，一般要求锁紧块和侧向分型抽芯机构斜面

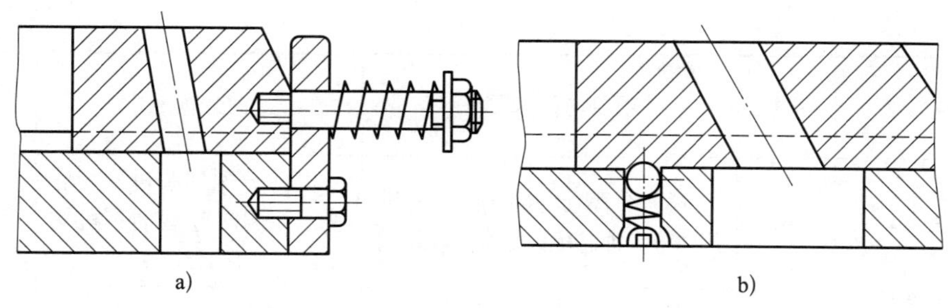

图 7–4　侧向分型抽芯机构的定位与复位

a）定位　b）复位

接触后，在分模面之间留________mm 的间隙进行修配，如图 7–5 所示。

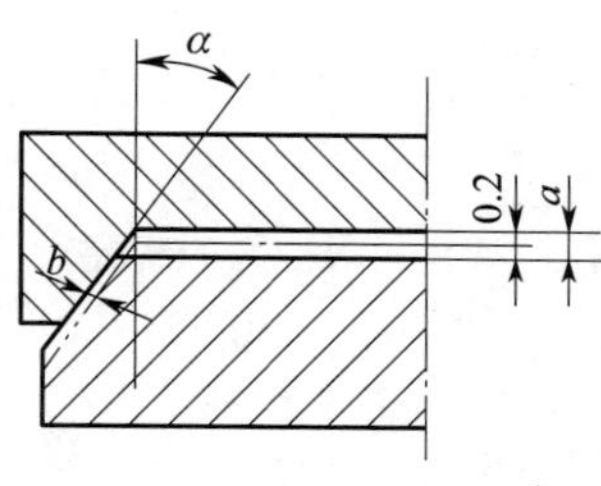

图 7–5　锁紧块的装配

3．清理现场，归置物品

（1）良好的工作习惯是在工作过程中有意识地养成的，这一点对于一名具有良好职业素养的高技能人才而言尤其重要。在每天的学习和实训工作中，你是如何做好整理工作台、合理及整齐放置工具和量具、日常维护与保养设备等工作的?

（2）本任务所用工具的日常维护与保养包括哪些工作?

二、侧向分型抽芯机构装配的检测

检测所装配的侧向分型抽芯机构是否合格，并完成表 7–5 的填写。

表 7–5　侧向分型抽芯机构装配综合评价表

序号	名称	配分	项目与技术要求	评分标准	检测记录	得分
1	型腔拼块与底座的装配（30 分）	10	型腔拼块与底座连接稳固、可靠	型腔拼块与底座连接是否稳固、可靠		
2		10	侧型芯装配后对中	侧型芯装配后是否对中		
3		10	销钉孔、螺纹孔装配后对中	销钉孔、螺纹孔装配后是否对中		

续表

序号	名称	配分	项目与技术要求	评分标准	检测记录	得分
4	导滑部分装配（40分）	10	侧向分型抽芯机构与底座、侧向分型抽芯机构配合间隙均匀	侧向分型抽芯机构与底座、导侧向分型抽芯机构配合间隙是否均匀		
5		10	侧型芯对位准确	侧型芯对位是否准确		
6		10	侧向分型抽芯机构导滑部分运动准确	侧向分型抽芯机构导滑部分运动是否准确		
7		10	销钉孔、螺纹孔对中	销钉孔、螺纹孔是否对中		
8	限位部分装配（30分）	10	限位块与侧向分型抽芯机构、底座安装位置准确	限位块与侧向分型抽芯机构、底座安装位置是否准确		
9		10	弹力抽芯动作准确	弹力抽芯动作是否准确		
10		10	销钉孔、螺纹孔对中	销钉孔、螺纹孔是否对中		
11	职业素养	扣分	能正确穿戴工作服、工作鞋、安全帽等劳动防护用品。每违反一项扣2分			
12			能规范使用及保养工具、量具和辅具。每违规操作一次扣2分			
13			能做好设备清洁、保养工作。不清洁、不保养扣3分；保养不彻底扣2分			
总配分			100	总得分		

学习活动4　工作总结与评价

学习目标

1. 能自信地展示自己的作品，讲述自己作品的优势和特点。

2. 能与班组长、工具管理员等相关人员进行有效的沟通与合作，了解有效沟通和团队合作的重要性。

3. 能积极主动展示工作成果，对学习和工作过程中出现的问题进行反思和总结，优化加工方案和策略，具备知识迁移能力。

建议学时：6学时。

学习过程

一、作品展示

以小组为单位派出代表介绍自己小组的优秀作品，通过作品展示，锻炼每一位小组成员的表达能力，同时提升自己的专业素养。

1．选出组内评价较高的作品进行展示，并就作品的实用性、工艺性和产品质量等内容做必要介绍，听取并记录其他小组对本组作品的评价和改进建议。

（1）实用性：

（2）工艺性：

（3）产品质量

1）装配精度：

2）机构运动的灵活性、平稳性：

2．所展示的作品中有哪些部位存在加工或装配缺陷？简要分析是什么原因导致的，并总结出避免质量缺陷的加工建议。

（1）质量缺陷

1）加工缺陷：

2）装配缺陷：

（2）简要分析造成质量缺陷的原因。

（3）在装配过程中应注意哪些事项？

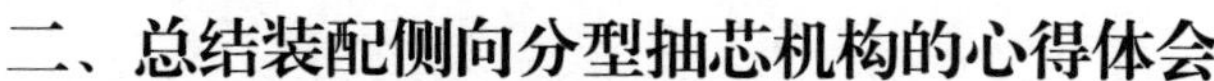

二、总结装配侧向分型抽芯机构的心得体会

1．本任务包括哪些有关装配的知识?

2．本任务在绘图方面的能力要求有哪些?

3．按照本任务装配工艺卡给定的装配顺序进行装配，对保障产品精度和机构运动灵活性、平稳性有哪些意义? 若变更装配顺序会产生怎样的影响?

4．简述生产企业在每次执行新的加工和装配任务前，制定详细的工艺方案和工作计划的理由。

三、装配成本估算

1．总结装配工序、工时，进行简单的成本估算，并完成表 7–6 的填写。

表 7–6　　侧向分型抽芯机构装配成本估算表

序号	装配内容	预计工时	成本测算项目			成本估算值
			设备	能源	辅料	
1						
2						
3						
4						
5						
6						
7						
8						
9						
10						

2．在估算装配的成本时，是否需要考虑人工费、管理费和税费？如果要计算人工费、管理费和税费，装配的成本应如何估算？请重新估算后把追加的成本因素写下来。

四、评价与分析

对本任务进行评价与分析，并完成表 7–7 的填写。

表 7–7 学习任务评价表

<table>
<tr><td>班级</td><td></td><td>姓名</td><td></td><td>学号</td><td></td><td>日期</td><td colspan="2">年 月 日</td></tr>
<tr><td colspan="9">评分标准</td></tr>
<tr><td>序号</td><td colspan="2">评价内容</td><td colspan="3">评分细则</td><td>配分</td><td>得分</td><td>总评</td></tr>
<tr><td rowspan="4">1</td><td colspan="2" rowspan="4">绘制侧向分型抽芯机构装配图（25 分）</td><td colspan="3">各零部件表达完整，少一个扣 0.5 分</td><td>10</td><td></td><td rowspan="13">A□
（100 ~ 86 分）
B□
（85 ~ 76 分）
C□
（75 ~ 60 分）
D□
（60 分以下）</td></tr>
<tr><td colspan="3">尺寸标注完整，少一个扣 0.5 分</td><td>5</td><td></td></tr>
<tr><td colspan="3">技术要求不少于两点，少一个扣 1 分</td><td>5</td><td></td></tr>
<tr><td colspan="3">标题栏内容完整，少一个扣 0.5 分</td><td>5</td><td></td></tr>
<tr><td rowspan="3">2</td><td colspan="2" rowspan="3">满足侧向分型抽芯机构的装配要求（55 分）</td><td colspan="3">满足导滑块与侧向分型抽芯机构的装配要求</td><td>20</td><td></td></tr>
<tr><td colspan="3">满足型腔拼块与底座的装配要求</td><td>20</td><td></td></tr>
<tr><td colspan="3">满足限位部分的装配要求</td><td>15</td><td></td></tr>
<tr><td rowspan="3">3</td><td colspan="2" rowspan="3">能正确选择工具、量具等进行装配及产品质量检测（15 分）</td><td colspan="3">能正确选择工具</td><td>5</td><td></td></tr>
<tr><td colspan="3">能正确选择量具</td><td>5</td><td></td></tr>
<tr><td colspan="3">能正确使用量具检测产品质量</td><td>5</td><td></td></tr>
<tr><td rowspan="3">4</td><td colspan="2" rowspan="3">能积极参加小组讨论，具有团队合作意识（小组长对成员打分）（5 分）</td><td colspan="3">参与积极性、合作意识好（得 5 分）</td><td rowspan="3">5</td><td rowspan="3"></td></tr>
<tr><td colspan="3">参与积极性、合作意识较好（得 3 分）</td></tr>
<tr><td colspan="3">参与积极性、合作意识一般（得 1 分）</td></tr>
<tr><td>小结
建议</td><td colspan="2"></td><td colspan="3">总得分</td><td colspan="3"></td></tr>
</table>